U0178771

国家科学技术学术著作出版基金资助出版

液态金属及遗传性

胡丽娜 王峥 等编著

Liquid Metals and
Their Liquid-solid Inheritance

化学工业出版社

·北京·

内容简介

液体如何演变成非晶态物质这一问题被列为 2020 年 SCIENCE 杂志的 top 100 问题之一。与此密切相关的液态金属的性质及非晶（或纳米晶）固体中的信息遗传是目前凝聚态物理领域的研究热点之一，也是材料基因工程的重要组成部分。本书首先从非晶合金固体最典型的性质出发，系统介绍了其制备方法、结构模型、典型特征、本征行为等，帮助读者把握非晶态合金固体的性质和特点。在此基础上，本书进一步详细介绍了液态合金在凝固过程中的普适性规律和特殊规律，其中包含了动力学、结构、热力学性质的演变特点，介绍了液态金属在冷却过程中形成非晶或晶体固体的竞争规律，描述了金属材料的液体特性及液固遗传性。

本书不仅可作为材料和物理相关研究人员的指导书籍，帮助其掌握液态金属演变及关键遗传信息等学术进展，还可作为材料加工专业本科生基础课程的补充教材，弥补传统教材仅限于固态合金的不足。

图书在版编目（CIP）数据

液态金属及遗传性 / 胡丽娜等编著. — 北京：化学工业出版社，2024.1
ISBN 978-7-122-44479-0

Ⅰ.①液… Ⅱ.①胡… Ⅲ.①液体金属-研究 Ⅳ.①TG14

中国国家版本馆 CIP 数据核字（2023）第 225425 号

责任编辑：王清颢　张兴辉　　　　　装帧设计：王晓宇
责任校对：田睿涵

出版发行：化学工业出版社
　　　　　（北京市东城区青年湖南街 13 号　邮政编码 100011）
印　　装：天津图文方嘉印刷有限公司
710mm×1000mm　1/16　印张 13　字数 213 千字
2024 年 2 月北京第 1 版第 1 次印刷

购书咨询：010-64518888　　　　　售后服务：010-64518899
网　　址：http://www.cip.com.cn

凡购买本书，如有缺损质量问题，本社销售中心负责调换。

定　　价：128.00 元　　　　　　　版权所有　违者必究

　　液态金属（又称为非晶合金、金属玻璃）是材料发展史中一个重要的里程碑。与传统的金属材料不同，液态金属突破了传统金属几千年来化学成分和拓扑结构的有序主导，兼具金属和非晶、固体和液体的特性，是颠覆性的新一代高性能金属材料。由于具有独特的结构与优异的性能，以及其独有的净成型简单绿色工艺，液态金属在能源、信息、国防、医疗、交通等高新技术领域均有重要的应用。几十年来，非晶合金的基础理论研究和制备工艺都取得了巨大进步，液态金属作为一种极具应用前景的结构材料和功能材料，正在逐渐由实验室走向商业应用，推动科技发展。

　　非晶合金的本质即冻结的金属液体，关键在于"液"字。非晶合金与其母相——液体结构存在极其相似性，它们之间结构的遗传和变异共同决定了其固体的性质和性能。因此，如何调控液体成分、稳定液体结构、有效克服晶化，是非晶材料领域最重要的科学问题。目前，这一问题已影响了高性能非晶合金产品的应用和创新，限制了其在高端制造、智能电网、智能机器人、航空航天等领域的有效推广应用。液态金属本质，特别是其本质特征、动态演变规律、液固遗传性等关键问题已经成为解决非晶合金产业中诸多"卡脖子"难题的关键。对液态到非晶固体相关凝固规律的认识，对促进非晶合金新材料的广泛应用以及相关应用行业的快速效能升级具有重要作用。

　　本书依托于山东大学材料液固结构演变与加工教育部重点实验室的部分研究成果，结合作者团队与企业合作的实践经验，体系化地介绍了非晶固体、液体的本征特性，液体的动力学演变规律及其内在结构来源，形成以"共性与特性""固体与液体""遗传与变异"为基础的非晶合金知识架构。本书可为我国未来大块非晶的设计和生产提供重要参考，并为玻璃转变提供系统的合金非晶化凝固规律，具有重要的学术价值和应用价值。

　　本书在系统介绍国内外关于液态金属的本质特征和本征结构的基础上，

进一步详细阐述了目前液态金属以及遗传性研究的研究成果。全书共分为6章，以液态金属（非晶合金）为切入点，详细介绍了合金熔体在整个降温过程中动力学演变规律、热力学性质和结构根源，并从非晶合金与传统晶体合金的竞争关系中介绍了合金熔体性质与固体性质的液固遗传性规律。在编著过程中，我们注重对所涉及理论的深入分析和阐述，希望能够使读者对非晶合金的理论体系有一个比较完整的了解。同时，本书内容与山东大学材料液固结构演变与加工教育部重点实验室的特色紧密结合，以便给读者提供一些当前国内外在该领域的最新科研成果和相关的普适性规律，便于材料相关专业本科生和研究生专业课的拓展和深入。

本书的撰写受到了中国科学院物理研究所汪卫华教授、丹麦奥尔堡大学岳远征教授的大力支持。本书第1章由山东大学王峥编写，第2章第一部分由北京计算科学研究中心管鹏飞教授编写，第2章第二部分由烟台大学孙启敬编写，第3章由安徽工业大学任楠楠编写，第4章由山东大学白延文编写，第5章由中国科学院物理所楚威编写，第6章由山东大学胡丽娜编写。全书由胡丽娜组织统稿并担任主编。感谢翟雪婷、刘敏、史禄鑫、丁奕均、王玲玲、孟森宽、李鹭、石飞龙、朱瑞松的帮助和校正。

由于编者水平有限，加之时间仓促，书中若有不当之处，敬请读者批评指正。

编著者

目录
CONTENTS

第**1**章
非晶合金

YETAI
JINSHU
JI
YICHUANXING

非晶态物质是自然界中存在最广泛的物质形态。与简单规律的晶态物质截然不同，非晶态物质中的结构看上去混乱无序，因此又常被称为无序态物质或玻璃态物质，如何对其进行科学地研究这个问题长期以来困扰着人们。《科学》杂志曾提出了125个最具挑战性的科学问题，其中之一就是"玻璃态的本质"。自然界中最古老的天然玻璃可能要数黑曜石，这是一种因火山熔岩快速冷却而形成的非晶态物质，其通体呈现出类似玻璃的亮黑色光泽，断口非常锋利，被古人类作为天然的武器使用。后来相传腓尼基人最先掌握了玻璃的制备工艺，从而使玻璃这种典型的非晶态物质在西方大放异彩，甚至可能加速了西方科学的进步。塑料也是人类掌握的另一大类非晶态物质，人们利用塑料在玻璃转变附近的软化行为，发展了注塑、吹塑等多种方便快捷的制备手段，为人们的生活提供了极大的便利。而金属在传统意义上多是以晶态的形式出现，其非晶化是20世纪中叶一个偶然的伟大发现，人们首次意识到极快速冷却的金属熔体居然可以得到无序态的结构。自此以后，非晶合金登上了非晶态物质大家族的舞台，并展现出了多种优异的性能和科学研究价值。

本章对非晶合金的发展历程及研究进行了简要介绍，作为后续章节的基础。1.1回顾了非晶合金的发现及研究阶段，并介绍了非晶合金的产业应用现状及潜力。1.2从非晶形成能力这个重要的科学问题出发，介绍了如何制备得到非晶合金以及几个重要的理论判据。1.3重点介绍了非晶合金的结构研究进展，虽然长程无序，但还是存在着各种中短程序和团簇等有序结构，这些研究为非晶合金的构效关系探索打下了基础。通过本章的介绍，希望读者能对非晶合金有一个基本的概念和认识，同时，其中很多的定义和概念也贯穿全书，可以帮助后续章节的理解。

1.1 非晶合金

非晶态物质被认为是和气态、液态、固态并立的第四种常规物质状态。非晶材料种类繁多，并与人们的生活息息相关，如玻璃、沥青、橡胶、石蜡等都是非晶态物质（图1.1）。其中，玻璃是最典型的，最早被人类制造、利用的，因此人们也常用玻璃来代称非晶态物质。非晶合金又称金属玻璃，是在半个多世纪之前人们发现的一种新型的非晶材料。它是将高温熔融状态的金属液体快速冷却从而得到的一种具有非晶态结构的合金材料，因而其兼具晶态金属和玻璃的许多特性，具有重要的科学研究和实际应用价值。

图 1.1　非晶态物质的应用

从热力学的角度看，金属熔体在冷却过程中极易结晶，因此金属合金在自然状态下往往都是晶态的。但是根据凝固理论，如果采用超快的冷却速度，金属熔体来不及晶化，就有可能被冻结为非晶态存在。能否制备出非晶合金是近代金属材料科学着重解决的难题和重要研究方向之一。为了制备出非晶合金，科学家们进行了长期艰难的探索。

1920～1960 年是非晶合金发展的第一个时期，当时主要的研究目的是如何通过人工手段制备获得非晶合金。直到 1934 年，德国哥廷根大学的科学家 Krammer 利用气相沉积法首次制得非晶合金膜，这是人工合成非晶合金的开始。1950 年 Brenner 等采用电沉积法制出了 Ni-P 非晶合金膜。1954 年，德国哥廷根大学的 Buckel 和 Hilsch 用气相沉积法，将纯金属 Ga、Bi 的混合蒸气快速冷凝到温度为 2 K 的冷板上，也获得了非晶合金薄膜。1955 年，人们研究了含 As、Te 非晶半导体的制备，并发现非晶半导体具有特殊性能。但是当时只能制备出低温非晶薄膜材料，其晶化温度都低于室温，不能被广泛应用，在研究其结构方面也有一定的困难。在实验上探索如何制备非晶合金的同时，非晶形成的理论研究也取得了重大的突破。Turnbull 等研究了合金液体过冷度对非晶合金形成的影响，提出了非晶合金的形成判据，初步建立了非晶态合金的形成理论，为非晶材料及物理的发展做出奠基性工作。

早期人们只能制备出不稳定、非连续的非晶合金薄膜，对于科学研究和实际应用都有极大的限制。1960～1980 年，非晶合金的发展才进入了高潮期。1960 年，美国加州理工学院冶金学家 Duwez 等将熔体快速冷却的凝固方法（急冷法）应用于非晶制备上，即将高温合金熔体喷射到高速旋转的铜辊上，以 $10^6\mathrm{K}$❶/s 的超高速度冷却熔体，使得金属熔体中无序的原子来不及重排，从而首先制得 Au-Si 非晶条带（图 1.2）。但是这一方法制备的非晶条带具有形状不够规则、厚度不够均匀、冷却速度过大等缺点，且对实验设备要求很高，因此不能得到广泛应用。20 世纪 70 年代，陈鹤寿等通过发展水淬急冷方法，在小于 $10^3\mathrm{K/s}$ 的冷却速度下制备出直径 1～3mm 的 Pd 基非晶合金圆棒。Pd 基非晶合金的发现证实了金属合金可以制得大块的非晶合金，为探索新型的非晶合金提供了新的思路。

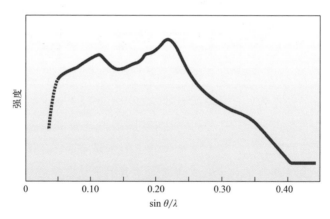

图 1.2　Duwez 等制备的非晶合金（Au-Si）条带的 X 射线衍射曲线

　　随后，非晶合金的发展进入瓶颈期，十多年未取得突破性进展，直到 20 世纪 80 年代末，日本东北大学的 Inoue 和美国加州理工的 Johnson，他们改变了过去重点关注从工艺条件来改进非晶形成能力的方法和思路，另辟蹊径，从合金成分设计的角度，通过多组元合金混合来提高合金系本身的复杂性和熔体黏度，从而提高非晶形成能力。Inoue 将快冷制备非晶合金所需要的临界冷却速度降低到 $10^2\mathrm{K/s}$ 的数量级，制备得到临界尺寸为毫米级的非晶合金，同时也发现了很多非晶能力形成很强的合金体系，如直径为几个毫米的条带或棒状的 La-Al-Ni-Cu、Cu-Ti-Zr 等。在此基础上，1993 年，Johnson 等通过掺金属 Be 的方法，发现了非晶形成能力超强的 Zr-Ti-Cu-Ni-

---

❶　开氏度(K)＝摄氏度(℃)＋273.15

Be 大块非晶合金体系。随后，通过对熔体快冷技术的不断完善和改进，稀土基、Zr 基、Pd 基等典型大块非晶合金体系相继制备成功。非晶合金领域迎来了快速的发展，一系列新型块体非晶合金像雨后春笋般地被开发出来，这些体系包括 Ti 基、Cu 基、Fe 基、Ni 基、Hf 基、Co 基、Ca 基、Au 基等体系。特别值得一提的是，在大块非晶合金成分开发的过程中，中国科学家一直处于国际最前沿的水平，在 2000 年以后新开发的成分绝大多数是由中国的课题组完成的包括中国科学院（简称中科院）物理所、中科院材料所、北京科技大学、北京航空航天大学、哈尔滨工业大学、清华大学和山东大学等。2005 年，中科院物理所研制出了新型非晶合金，由于其在低温时可以表现出塑料的超塑性，室温又恢复非晶合金的优良性能，又被称为金属塑料。相信随着研究的进一步深入，临界尺寸更大、性能更优异的非晶合金会继续被开发研制出来，并应用于各种重要的行业领域中。

物质的结构决定其性能。与传统的晶体合金相比，非晶合金具有独特的非晶态结构，不存在晶体中的位错、晶界、滑移等缺陷，在原子排列方面不存在各向异性，因此其具有优异的力学性能、物理性能和化学性能。

高强度是非晶合金最显著的力学性能之一。各个合金体系的非晶强度普遍可达晶体强度的数倍。例如，迄今为止发现的金属材料强度最高的为 In-oue 等报道的 Co 基块状非晶合金，其断裂强度达到了 6.0GPa；Zr 基块状非晶合金的断裂强度达到了 2.0GPa，Fe 基非晶合金的断裂强度也可以达到 3.6GPa，都显著高于对应晶态的金属合金。另外，非晶合金的弹性极限可以高达 2%，远远大于传统晶体材料的 0.65%。非晶合金具有最高的弹性比功，其中 Zr 基非晶合金的弹性比功可达 $19mJ/m^2$，比弹簧钢都要高 9 倍。由于非晶态结构带来的特殊性，非晶合金在过冷液相区有着超塑性行为，可以在一定程度上流动和变形而不断裂，其伸长率可以达到 15000%。利用这种超塑性行为，可实现对非晶合金的近净成形，因此可以用来制备各种精密零部件。目前使用 Zr 基非晶合金制成的手机铰链已经在可折叠手机上得到了广泛的使用。

非晶结构中不存在晶粒，没有位错、晶界等缺陷钉扎磁畴，因此具有较低的矫顽力和磁滞损耗。长程无序的结构造成电子散射严重，电阻变大，磁畴运动时的涡流损失减小。因此，非晶合金在磁学性能方面也有不俗的表现。近年来，Fe 基非晶合金由于其原材料成本低、饱和磁化强度高、矫顽力低、电阻率低的特点，已经被广泛应用于变压器行业，成为非晶合金目前在工业上最广泛的应用。目前，Fe 基非晶条带的生产技术日渐成熟，将逐步替代磁滞损耗大的硅钢片，图 1.3 是商业化的软磁非晶合金条带。另外，一些稀土基的非晶合金制冷能力远大于传统的晶态材料，磁熵变温度区间宽，是潜在的磁制冷材料。

图 1.3　商业化的软磁非晶合金条带

除了优异的力学性能和磁性性能，非晶合金还在很多方面有突出的表现。例如，其具有非常好的生物相容性，在人体内降解快速且不会引发过敏症状的出现，在医学上可用于器官修复、器官移植和癌症治疗。Mg 基非晶合金不仅具有好的降解性，其强度和弹性模量也接近人体骨头，可以制作人造牙齿、人造骨头，有潜力成为新一代的生物支架材料。除此之外，非晶合金还具有非常好的耐腐蚀性能。Fe 基合金中加入 Co、Ni 等元素之后，得到的非晶合金的耐蚀性能约为传统不锈钢材料的 10000 倍。还可将非晶合金喷到传统材料上做涂层，利用腐蚀技术改善材料表面性质，使材料具有超疏水和超疏油的特性，从而提高材料的耐磨性和耐蚀性。Fe 基和 Ni 基非晶合金还具有良好的催化活性，可用于废水处理，并可用于石油、化工等重要领域。

尽管非晶合金目前还存在形成能力差、脆性大、不稳定等缺陷，但相信随着对非晶材料的不断研究和发展，这些缺陷会被改善，会有越来越多具有优异性能的非晶材料应用到日常生活的方方面面。

1.2　非晶形成能力

非晶（玻璃）形成能力是非晶物质特有的性质和概念。顾名思义，非晶形成能力是指一个物质体系形成非晶态的难易程度。Turnbull 早在 1969 年就指出：如果冷却得足够快，几乎所有的物质都能够转变成非晶态。相比于 SiO_2 等氧化物在极慢冷却速率（$10^{-3}K/s$）便可以形成非晶态，形成非晶合金通常需要达到 $10^4K/s$ 以上，有的合金成分甚至在 $10^{10}K/s$ 的超高冷速下都不能转变为非晶态。如何预测合金的非晶形成能力一直是非晶合金领域的一个十分重要的问题。

1994 年，Greer 等提出了块体非晶合金形成的"混乱原则"，也就是多组元体系原则：体系中元素的种类越多，析出晶态相的概率就越小，非晶形成能力也就越大。其促进非晶形成的内在原因是更多的元素种类促使体系有更大的结晶阻力，而且结构的堆垛密度增大，液态黏滞系数相应地提高。但是，Cantor等用 Fe、Cr、Mn、Ni、Co 等 20 多种元素，试图采用铸造和熔体旋淬技术来制备非晶合金，最终却发现更多组元的合金体系并没有形成非晶合金。所以说，简单的多组元混合并不一定能制备出非晶合金，还需要考虑其他因素的作用。

Inoue 课题组通过研究多种具有较大非晶形成能力的合金体系，提出了著名的非晶形成能力三原则判据：

① 合金体系含有至少三种元素；

② 合金体系的组成元素之间有较大的原子尺寸差，其中主要组成元素之间的原子尺寸差应大于 12%；

③ 主要组成元素之间具有较大的负混合焓。

多组元合金体系中较大的原子尺寸差使得不同尺寸的原子错配，原子的堆积密度增加，造成原子的扩散和重排困难而抑制了晶相的长大，而较大的负混合焓有利于短程有序结构的产生。三原则判据为设计具有高非晶形成能力的合金体系提供了指导。

一般认为在相同冷却条件下，形成的非晶的最大临界尺寸 D_{max} 越大，其形成能力越强，但是在实际测量 D_{max} 时需要进行大量的实验。Johnson建议用临界冷却速率 R_c 来表征金属合金的非晶形成能力。当合金熔体以大于 R_c 的速度冷却时，就可以避免结晶，从而得到非晶态。因此，R_c 越小，合金体系的非晶形成能力越强。虽然合金体系的临界冷却速率的物理意义非常明确，但直接测量合金体系的临界冷却速率是非常困难的。

在对非晶合金结构、热力学和动力学进行大量研究的基础上，科学家们也提出了一些简单的非晶形成能力判据。

（1）约化玻璃转变温度 T_{rg}

$$T_{rg} = T_g / T_l$$

式中，T_g 为玻璃转变温度；T_1 为液相线温度。T_{rg} 是最早用来衡量非晶形成能力的判据之一，T_{rg} 越大则意味着 T_g 与 T_1 非常接近，合金液体在冷却过程中能够很快地通过平衡结晶区进入非晶态，从而抑制了晶态相的形核和长大，更容易形成非晶。传统非晶合金与块状非晶合金的大量实验结果表明，该参数与非晶形成能力有比较好的对应关系。

（2）过冷液相区宽度 ΔT_x

$$\Delta T_x = T_x - T_g$$

式中，T_x 为晶化开始温度。该判据不仅可以反映合金过冷熔体的稳定性（合金熔体处于黏滞态而不发生结晶的能力），也可以用来反映合金的非晶形成能力。根据这个判据，ΔT_x 值越大，合金的过冷液相区稳定性越高，其非晶形成能力越大。大量实验结果证明，ΔT_x 与合金的非晶形成能力有一定的关系。

（3）γ 参数

综合热力学和动力学两方面因素，为了较好地解决了若干体系中约化玻璃转变温度 T_{rg} 和过冷液相区宽度 ΔT_x 相矛盾的问题，γ 参数被提出

$$\gamma = \frac{T_x}{(T_g + T_1)}$$

γ 参数判据是在统计大量以前工作的基础上提出的，提出者认为，合金的非晶形成能力不仅取决于冷却时获得非晶的难易程度，而且还与受热过程中抵抗晶化的能力有关。相比于 T_{rg} 和 ΔT_x 两个判断依据，γ 参数综合考虑了合金液体在冷却过程中形成非晶的能力和非晶合金的热稳定性。

同时，液态作为非晶态材料形成前的初始状态，对于研究合金的非晶形成能力具有重要的意义。Angell 最先提出过冷液体脆性 m 的概念，其反映了在玻璃转变温度 T_g 附近过冷液体黏度随温度的变化情况。Angell 曾指出对过冷液体脆性的研究有希望为合金的非晶形成能力提供判据。但对于在过冷液相区相对不稳定的物质来说，直接测定其过冷液体的脆性存在很大困难。边秀房等根据合金熔体在液相线 T_1 附近的黏度变化提出了一种新的脆性概念，即过热液体脆性 M。过热液体脆性具有明确的物理意义，它反映了液体在趋于凝固点时黏度随温度的相对变化速率，揭示了液体在液相线温度附近结构变化的难易程度。他们在 La 基和 Sm 基等合金体系中证实，过热液体脆性参数越小，液体在液相线温度附近结构越稳定，合金的非晶形成能力越强。在这个过程中，没有涉及任何非晶合金固体的特征参数，因而不必

事先制备出非晶固体，就可以对合金体系的非晶形成能力做出预测。

非晶形成液体的体积热膨胀也被发现与非晶形成能力密切相关。Bendert 等在 CuZr 体系中发现非晶形成液体中体积热膨胀系数随成分的变化并不是简单线性增减，而是在最优成分附近出现极大值。Lunkenheimer 等发现非晶态和液态热膨胀之间的差异与非晶形成有关，甚至可以从中预测玻璃转变温度 T_g。山东大学胡丽娜、王峥等通过进一步研究找到了一个可以精准预测合金非晶形成能力的参数 α'：

$$\alpha' = \alpha_{T-L} / \alpha_{T-S}$$

式中，α_{T-L} 和 α_{T-S} 分别为液体和固体的热膨胀系数。该判据基于非简谐吸引的热膨胀变化，以一种更简单、更准确的方法预测非晶形成能力，已成功地用在 CuZr(Al) 合金体系中。

根据这些判据，可以更好地探索设计出具有较高非晶形成能力的合金成分，目前开发出的块体非晶合金体系已经比较丰富，但设计出具有更高非晶形成能力，能够更易做出更大尺寸的合金体系依然是人们追求的目标之一。

1.3 非晶合金的结构

非晶合金作为非晶态材料的一种，最主要的结构特点是原子排列长程无序，即没有晶体的长程周期性。如图 1.4 所示，用电子显微镜进行观察就会发现，非晶合金的电子衍射花样是较宽的晕和弥散的环，没有晶体呈现的典型的明亮斑点。非晶合金和晶态合金的高分辨透射电子显微镜照片对比，非晶合金的无序原子结构和晶态合金中的原子晶格的高分辨衍射像完全不同，

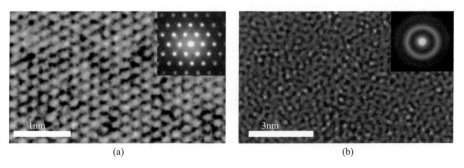

(a)   (b)

图 1.4 （a）晶态合金与（b）非晶合金的高分辨
透射电子显微镜照片和电子衍射花样对比

晶体具有整齐排列的原子晶格像，非晶的原子像则排布混乱。

目前，用于探测非晶合金结构的实验手段主要有以下几种：X射线衍射（XRD）、核磁共振（NMR）、中子衍射（ND）、小角X射线衍射（SAXS）等。但是，这些方法都只是得到一维的结构图谱信息，不能精准地测量出三维的原子排布。通过实验得到的，例如双体相关函数、结构因子等信息只能作为辅助的手段来验证结果的可靠性。因此，现在更多的是通过分子动力学模拟和建立理论模型来对非晶合金的原子结构展开研究。经过不懈努力，科研人员已经建立了许多非晶合金结构模型用于不同目的的研究。

硬球无规密堆模型由剑桥大学的Bernal提出，该模型把金属原子近似为刚性的不可压缩的硬球，认为非晶合金的结构是由这种硬球形成的均匀连续、致密填充而又混乱无规的堆积集合。但由于无序密堆模型只考虑了几何结构上的特点，完全忽略了原子之间的化学相互作用，因此其构建出的结构与实际非晶合金的结构存在一定的偏差。

在Bernal硬球模型基础上，Miracle提出了非晶合金的团簇密堆模型，该模型考虑了原子间的相互作用。在用塑料小球密排来考察非晶合金的局域有序结构和密排规律时，Miracle发现非晶合金不是原子的无序密堆，而是由很多原子团簇密堆而成，这些团簇就是非晶的短程序，图1.5是他用小球构建的非晶合金短程序团簇的照片。为了理解非晶合金的短程有序结构如何构建长程无序结构，即理解结构单元是如何相互连接、排布充满整个三维空间、形成无序非晶结构的，人们提出了中程序的概念。Elliott首先将液体及非晶体中的结构划分为3类：短程序（SRO），尺寸范围为<0.5nm；中程序（MRO），尺寸范围为0.5～2nm；长程无序。团簇密堆模型认为硬球密

图1.5 用小球构建的非晶合金短程序团簇的照片

紫色球代表溶剂原子，绿色球代表溶质原子

排的非晶结构可看作数量相对较少的溶质原子与数量较多的溶剂原子的组合，基本结构单元就是以溶质原子为中心，溶剂原子排布在其周围形成的团簇，这些团簇通过共享壳层中的溶原子相互连接，构成了中程序。图 1.6 是 Miracle 构建的描述非晶合金短程序的以溶质原子为中心的各种团簇。

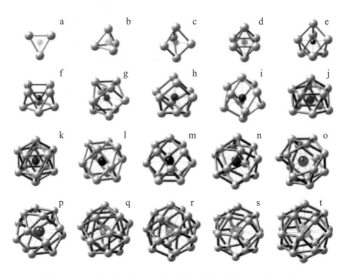

图 1.6 以溶质原子为中心的各种短程序团簇

基于 Miracle 的模型，Sheng 和马恩等利用分子动力学模拟的方法构建了非晶合金的原子结构模型，引入了 Voronoi 多面体 ［图 1.7(a)］ 的概念，提出了准团簇密堆积模型，该模型被广泛用于非晶合金的结构研究当中。他们认为构成非晶的基本单元是各种各样的 Voronoi 多面体团簇，其中二十面体团簇 $<0,0,12,0>$ （图 1.8）及类二十面体团簇是非常特别的主导团簇类型，其数量会受到成分、温度和冷却速率等的影响，并对非晶合金的性质起到关键作用。如图 1.7(b) 所示，这些团簇以共点、共面，或者共边的方式联结成中程序。

此外，如无规线团模型以及分形网络拓扑模型都被提出来描述非晶态结构。这些进展是有指导意义的，但仍然不足以充分描述各种各样的非晶合金的中程序，因为大多数非晶合金并不缺乏溶质，通常是多组元的（超过两个组成成分）。在多组分大块非晶合金或没有明显溶质元素的情况下，发展出令人满意的理论模型和描述其局域结构特征仍然是相当具有挑战性的任务。

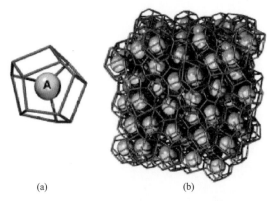

（a）   （b）

图 1.7　Voronoi 多面体及其拼砌的非晶三维结构

（a）Voronoi 多面体，它由 3 个四边形面和 6 个五边形面组成，其 Voronoi
指数是＜0,3,6,0＞；（b）用 Voronoi 多面体拼砌成的非晶的三维结构

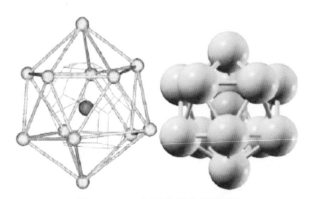

图 1.8　二十面体结构示意图

左图中间的多面体表示 Voronoi 多面体

　　非晶合金通常由高温熔体快速冷却至室温制备得到。由于液固遗传特性，凝固过程中液体的微观结构对非晶固体的结构具有不容忽视的影响。实验研究发现非晶合金的结构和其液态结构都具有短程序，而且短程序具有相似性。液态金属非晶化过程的分子动力学（MD）模拟与跟踪分析也发现，部分液态金属团簇结构可遗传给非晶态。因此，对过热熔体至玻璃转变这一降温过程中的微观结构演变的研究成为深入认识非晶合金结构的关键。

　　宏观上，非晶合金均匀，在不同的方向上物理、力学和化学性质相同，即各向同性，不同于一般晶体材料所呈现出的各向异性，即在不同的带轴方向上晶体的物理性质不同。非晶合金在宏观上的均匀性、各向同性正是由于非晶没有长程有序性、没有取向的结果。但是，随着各种先进微观表征手段应用于非晶合金的结构研究中，更多的实验证据表明在纳米甚至到 $1\mu m$ 的尺度上，非晶合金在结构和动力学上是不均匀的，这种微观不均匀性被认为是非晶物质的一个本征特性。

晶体中有很多种类的缺陷，影响着晶体的物理、力学和化学性质。研究发现，非晶合金中也有一些缺陷，并对非晶合金的性能有着重要的影响。Cohen 和 Egami 都认为在非晶合金中存在类似液体的纳米点。这些类液点被认为是非晶形变和玻璃转变的结构起源，但是没有直接的实验证据。最近，杨勇及王峥等通过实验间接地发现在非晶合金中存在类液点的实验证据。这些类液点尺寸为 1~5nm，其黏滞系数和合金过冷液体的接近，同时，实验还给出这些缺陷的分布和激活能的大小。这些类液点是非晶结构不均匀性的原因，是非晶合金形变和局部弛豫（又称 β 弛豫）的结构起源，又被称作非晶合金的流变单元。非晶合金可模型化为弹性的理想非晶物质和流变单元的组合。

最近，美国加州大学的苗建伟等发展了一种原子电子断层扫描重建技术，将高分辨率层析成像与先进的迭代算法相结合，可通过实验确定非晶合金的三维原子结构。如图 1.9 所示，将一种多组分非晶合金作为研究对象，使用扫描透射电子显微镜环形暗场成像的模式，采集 55 张在 $-69.4°\sim+72.6°$ 不同旋转角度下原子分辨率的二维图像，随后经过图像去噪、对齐、三维重构、原子示踪与分类等数据处理后，得到了体系的三维原子排布。虽

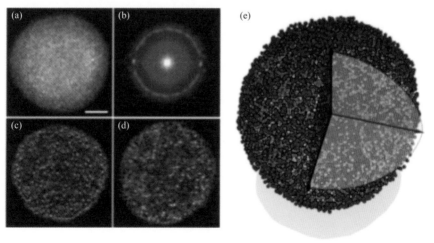

图 1.9　确定多组分非晶合金颗粒原子三维结构

然短程有序的三维原子堆积在几何上是无序的，但一些短程有序结构相互连接，形成晶体超团簇，并形成中程有序。这种先进的实验手段为非晶合金的团簇堆积模型提供了直接的测量证据，也为通过实验测定非晶合金的三维结构打开了大门，更有利于对非晶合金原子结构的深入研究。

非晶合金的结构特点可概述为：长程无序，短程有序，宏观均匀、各向同性，短程不均匀。通过几十年的非晶结构测定和模型化研究，人们已经对非晶合金的结构有了基本的认识。但到目前为止，非晶合金的原子排列本质仍然是一个谜。相信随着理论和技术的不断发展，大规模计算机模拟和先进实验手段的结合，人们对非晶合金结构的认识会越来越深刻。

小结

非晶合金经历了从薄膜到条带，再到块体的阶段式发展。迄今为止，人们对非晶合金的微观结构及玻璃化转变等重要科学问题已形成了较为系统的认识。目前人们已经能够制备出多种体系的大块非晶合金材料，并将其应用于磁性、精密制造等领域。多种非晶形成理论陆续被提出，并在一定程度上可以对合金体系的非晶形成能力进行有效预测。非晶合金的结构表征也从长程无序，发展到用团簇等更小尺寸单元来研究非晶合金蕴含的有序结构，这些都为更深入认识以及调控非晶合金的性能奠定了基础。

第2章
非晶合金的本征特性

非晶合金结构的最基本特点是原子排列长程无序，即没有晶体的长程周期性。因此，宏观上非晶合金一般呈现出各向同性，即不同方向上的物理性质，如力学、热学及磁学特性等相同。然而，在过去的几十年里，针对非晶合金的大量研究表明，在非晶合金长程无序的特征中，隐藏着在纳米甚至微米尺度上的本征不均匀性，这些不均匀性特征会显著影响非晶合金的物性及对外界的响应，甚至被称作非晶合金的"灵魂"。

由于具有长程无序的特点，非晶合金相比晶体合金具有更高的吉布斯自由能，在能量上处于一种热力学亚稳态，导致复杂多重的弛豫行为在非晶合金中无时不在发生。弛豫是非晶合金中普遍存在的另一重要本征特征。弛豫行为研究为认识金属玻璃提供了非常重要的窗口，对于理解其微观结构、稳定性和形变行为极为关键，是凝聚态物理和材料科学领域的核心问题。

本章介绍了非晶合金的两大本征特征：不均匀性和弛豫行为。非晶合金的不均匀性部分从不均匀性的来源出发，详细描述了静态不均匀性和动态不均匀的相关概念及研究概况，介绍了不均性的调控及应用的最新进展。弛豫部分概括性地总结了不同弛豫模式的现有相关理论及相互关联，主要阐述了近年来在非晶合金弛豫行为与其塑性变形、稳定性等物性联系研究中取得的丰硕成果，并针对未来可能的研究模式进行了展望。

2.1　非晶合金的不均匀性

不均匀性是非晶合金的一个本征特性，逐渐被非晶领域公认。从宏观上看，不同于晶体材料所呈现的各向异性，由于原子结构的长程无序性，非晶合金一般呈现出各向同性，不同方向上的物理性质相同。然而，随着使用各种更加先进微观表征手段研究非晶合金的结构，发现在纳米甚至到微米的尺度上，非晶合金在结构和动力学上是不均匀的。

日本京都大学的 Ichitsubo 等巧妙地设计实验，利用超声振动，配合温度（远低于该体系的晶化温度）处理 $Pd_{42.5}Ni_{7.5}Cu_{30}P_{20}$ 非晶合金。他们发现在合适的超声和温度下，该样品部分区域（他们定义为软区，该区域的原子：激活能低，易被激活，密度、强度低）的原子更容易发生重排和晶化。实验完成后，他们利用高分辨电镜清楚地分辨出非晶合金的软区和硬区，如图 2.1 所示。图 2.2 是 PdAuSi 非晶合金和其晶化后表面的超声显微镜观察结果。可以看出这个非晶形成能力很强、宏观性能非常均匀的非晶合金的结构在 100nm×100nm 范围内弹性模量有 20GPa（或者 30％）的差别，而同成分的晶态相没有这样的不均匀性。由于非晶合金是处于非平衡态的"冻结的液体"，非晶合金的结构和很多特性遗传自发生玻璃转变前的过冷液体。

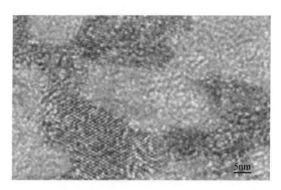

图 2.1　高分辨电镜观察到的 $Pd_{42.5}Ni_{7.5}Cu_{30}P_{20}$ 非晶的晶化区和未晶化区

在超声振动的作用下，软区被晶化，使得人们能够分辨出非晶的硬区和软区

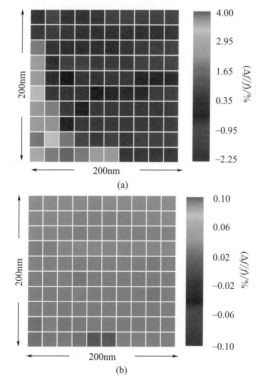

图 2.2　PdAuSi 非晶合金和其晶化后表面的超声显微镜像

$\Delta f/f$：弹性模量相对变化

2.1.1　静态不均匀性

非晶合金的结构长程无序，但实验证明非晶合金中包含大量短程有序团簇，这些团簇再通过共点、共边及共面的形式构成中程有序结构。正是由于这些结构序的存在，非晶合金表现出不均匀性。

（1）结构不均匀性

在 Miracle 团簇密堆模型和准团簇密堆模型中，都是将中心原子及其最近邻原子组成的局域团簇作为构建非晶合金三维原子结构的基本单元。因而，从最近邻的尺度（3～5Å，$1\text{Å} = 10^{-10}\text{ m}$）看，非晶合金原子结构的不均匀性表现为其局域团簇的差异性。如同德国哲学家莱布尼茨所说"世界上没有两片完全相同的树叶"，非晶合金中也找不到两个完全相同结构的局域团簇。但借助模型化构造和 Voronoi 多面体分析，人们将具有相同对称性特征（即相同的 Voronoi 指数）的局域团簇划归为同一类团簇，因而就有了一系列具有代表性的特征团簇，被看作是结构短程序，其中二十面体（Voronoi 指数为＜0,0,12,0＞）是最具代表性的一种。

为了了解非晶结构的全貌，还必须了解这些团簇在空间是如何分布和联结的。对特征局域团簇空间联结性的研究发现，这些 Voronoi 多面体在空间中不是随机分布的，它们有倾向性地联结在一起。如图 2.3 所示，Cao 等给出了 CuZr 非晶合金中特征团簇（Cu 原子为中心的二十面体和 Zr 原子为中心的 Z16 团簇）之间的联结关系，发现它们以共点、共面和共角的方式联结，并在三维空间中构建出不均匀分布的网格结构。

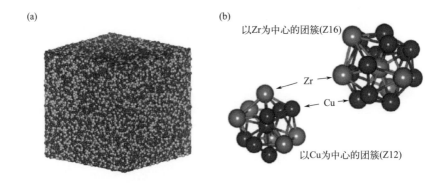

(a)

(b)

以Zr为中心的团簇(Z16)

Zr

Cu

以Cu为中心的团簇(Z12)

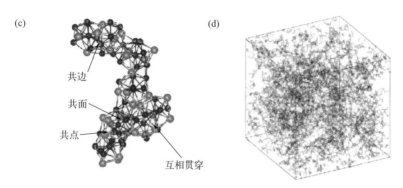

图 2.3　CuZr 非晶合金中特征局域团簇的联结

Li 等引入了近邻联结指数的概念，定量地给出了局域团簇之间的联结矩阵，发现 CuZr 非晶合金中的类二十面体团簇倾向于联结在一起（图 2.4），形成链状的骨架结构。

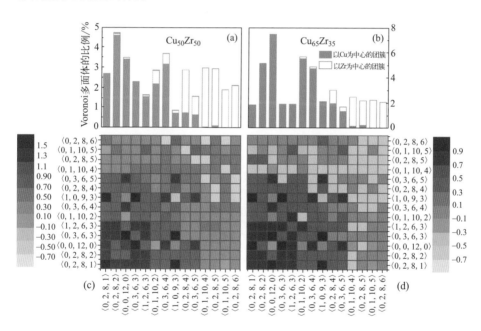

图 2.4　CuZr 非晶合金中局域团簇的联结倾向性

因此，对于通常意义上的非晶合金，无论是其结构的短程序还是中程序，都是非晶的结构不均匀性在特定空间尺度上的具体体现。当空间尺度远远超越了中程序，由于非晶结构长程无序的特点，其结构不均匀性的特征将不可分辨，进而表现为均匀性。这些局域结构空间分布的不均匀性被认为和非晶的诸多物性有着密切的关联，一直以来是非晶合金研究的热点。

（2）化学元素不均匀性

从第一次得到非晶合金至今，人们已经开发了上千种非晶合金体系，而几乎所有合金体系都是多组元的，因而化学元素的无序是非晶合金除结构无序以外的另一重要的静态无序特征。与晶态合金中元素的有序占位不同，非晶合金中的元素分布比较混乱，但从整体上来看是均匀分布的。但由于各元素之间的混合焓或成键能力的差异，元素之间的近邻关系体现出不同的偏好，使得元素的局域分布表现出不均匀性。例如，在 CuZrAg 体系里，由于 Cu-Ag 之间正的混合焓（＋2kJ/mol），使得 Ag 原子之间更倾向于形成链状结构（图 2.5），且其周围会形成富 Zr 的化学环境；而 Cu 原子的周围将形成富 Cu 的化学环境，进而表现为化学元素的不均匀性。化学元素不均匀性带来的特征团簇（即二十面体团簇）比率的增加被认为是该体系玻璃形成能力提升的根源。

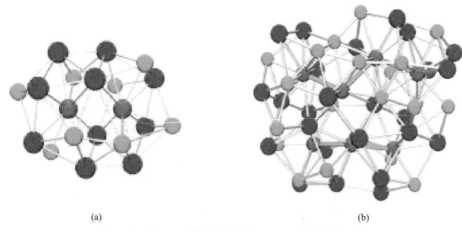

(a)　　　　　　　　　　　　　　(b)

图 2.5　CuZrAg 非晶合金中 Ag 元素的偏聚现象

棕色、绿色、蓝色和紫色球分别代表 Cu、Zr 和 Ag 原子

在研究具有优异非晶形成能力的 PdNiP 体系中发现，由于 Ni 和 P 之间的强共价相互作用，使得 P 的周围会形成富 Ni 的化学环境（图 2.6），进而产生化学元素的不均匀性和特征团簇的特殊杂化联结模式。进一步研究发现，在 PdNiCuP 体系中，这种化学元素的不均匀性表现得更为明显，由于 Ni 和 P 之间的强成键能力，使得体系明显地分成富 Ni-P 的区域和富 Pd-Cu 的区域，且在不同的区域，其特征局域团簇的类型也不相同，这种由于化学元素不均匀性引起的结构不均匀性，可能是其优异玻璃形成能力的微观结构起源。

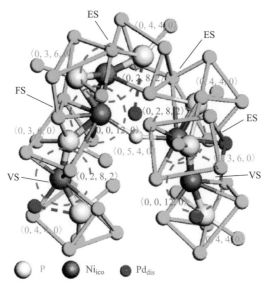

图 2.6 PdNiP 体系中的 Ni-P 团簇杂化堆垛模式与元素偏聚

ES—共边；FS—共面；VS—共点

　　由于非晶合金多为三元以上的体系，其元素之间的成键能力必然存在差异，因而元素分布的不均匀性应该是非晶合金中较为普遍的特征。当然，我们讨论的元素不均匀性也是在一定的尺度范围内有效的。由于局域原子团簇的类型是由中心原子与近邻原子之间的有效原子半径比所决定的，因此化学元素的不均匀性必然会伴随着结构的不均匀性出现。非晶合金中的结构不均匀性和化学元素不均匀性之间的关联使得可以通过改变局域化学元素的分布实现对其结构不均匀性的调控。近年来，人们已经可以利用各种人为的手段，在非晶合金中引入各种尺度上的结构和元素不均匀性。

2.1.2　动态不均匀性

　　研究非晶合金对外场的动态响应行为是科学研究的核心关注点之一。本质上说，地质灾害，如雪崩、山体滑坡、泥石流和地质沉陷、地震等，都是无序体系在外场下失稳而产生的流变现象。研究和理解非晶物质和体系在外场下的动态响应行为十分重要，不仅有助于新型非晶合金的研制、服役和性能优化，还能为工程安全性评估提供理论支持。

　　能量势垒理论可以形象地描述非晶合金的动态响应行为。多组元复杂体系的能量分布是结构组态的函数，与体系的密度相关。图 2.7 给出了势能图

谱的简单示意图，可以看出势能图谱中存在大量的能谷（势能极小点）和能
垒。能量势垒理论认为不同条件下形成的非晶态对应一定的能谷。在外场的
作用下，体系在这些能谷之间跃迁，因而势能图谱上的能垒与非晶合金对外
场的响应密切相关。

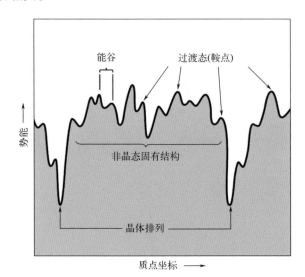

图 2.7　能量势垒示意图

如图 2.8 所示，主要关注非晶合金对两种外场的响应：一种是对温度场的
响应，另一种是对应力场的响应。通常温度场不会改变势能图谱的形貌（忽略
体积膨胀带来的密度变化的影响），通过热激活使体系跨越能垒在能谷之间跃
迁。应力场将改变势能图谱的形貌，通过降低跃迁能垒的方式实现状态演化。

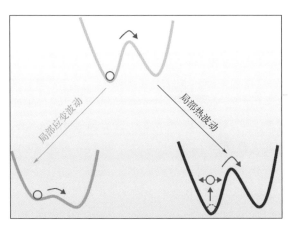

图 2.8　非晶态在能谷间跃迁的两种模式示意图

（1）温度场响应

非晶合金对温度场响应的不均匀性表现在：结构重排弛豫行为和粒子在平衡位置附近热振动的复杂性。平衡液体的组成粒子动能状态较高，可以实现组态的各态遍历。随温度降低，粒子的动能也随之降低，根据热力学统计模型，粒子运动开始以协同运动的形式出现，形成了过冷液体中的动力学不均匀性；温度继续降低，协同运动区域的尺度逐渐增加，在有限的观察时间内，无法被观测到各态遍历，体系的动力学不均匀性增强，结构弛豫激活能也随之增加，即实现体系结构弛豫所需要翻越的能垒增高，表现为玻璃转变温度 T_g 附近过冷液体的非简单指数弛豫；当温度接近或低于玻璃转变温度后，粒子的动能将很难翻越实现整体重排所需的激活能能垒，体系可以看作是被束缚在一个较深的势阱中，在有限的观察时间内，将无法观测到各态遍历。

对非晶的介电损耗谱的研究发现，非晶在 T_g 以下依然存在高频的振动模式（图2.9），而这些振动模式对应于粒子的局域重排，这类重排或者弛豫行为被认为是对应于势能图景中近邻小能谷间的跃迁。因而，要理解非晶对温度场的这一类响应，需要我们能够得到体系准确的能量势垒图景。借助分子动力学模拟（MD）和激活-弛豫技术，人们已经尝试对非晶体系的势能图景的形貌进行研究。

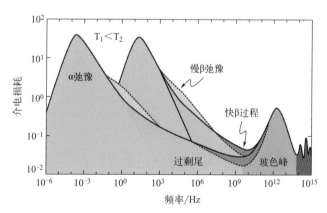

图2.9　极宽的频率范围内玻璃形成材料中介电损耗谱的示意图

两条曲线分别代表不同的温度

图2.10利用激活-弛豫模拟方法给出了 CuZr 模型非晶合金势能图谱局域形貌的物理特征。局域激活能垒 E_A 和原子最大局域位移之间满足 $E_A \propto d^2$ 的关系，表明势能阱的局域形貌可以用简谐模型来描述。更重要的是，

其激活能呈现为较离散的分布，表明非晶合金中局域激活的能垒分布是不均匀的。

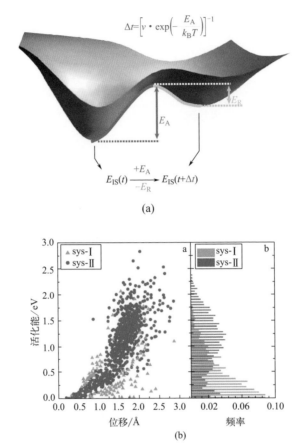

图 2.10 （a）局域势能面示意图，（b）非晶合金中局域
激活势垒分布及其与最大局域位移之间的关系

因而，如不考虑原子之间的协同运动，在某一温度 T 下，局域原子的激活概率是不相同的，即表现为非晶局域结构对温度场的响应是不均匀的。观察非晶合金的介电损耗谱时（如图 2.9），会发现在高频区域（约 10^{12} Hz）会出现很强的损耗峰。进一步的研究发现：不同于相对低频的损耗峰，该损耗峰起源于非晶体系中粒子在平衡位置的热振动，即声子振动模式。随后，人们通过低温比热测量、拉曼散射和非弹性中子散射等实验手段观察到了非晶体系在低温时超出德拜模型预期的过剩振动态密度，即玻色峰。图 2.11（a）为 CuZr 非晶合金模型体系的声子态密度，在低频区域呈现出明显的玻

色峰，表明在非晶合金中存在着大量超出德拜模型预期的低频振动模式（软模）。通过对低频振动模的本征振动矢量的分析发现，不同于晶体中的声子振动模式是起源于晶格的集体激发行为，非晶合金中的低频模式主要来自某些局域原子的贡献。通过引入低频模参与度的概念，可以得到非晶各区域对低频声子模式贡献的差异，如图 2.11(b) 所示，可看出这些区域的分布是不均匀的。这些区域的不均匀分布与非晶体系的势能图谱形貌的复杂性有密切的关系，也表明了非晶中热振动响应的不均匀性。由于与软模密切相关的玻色峰存在于所有的玻璃态物质中，即便是在弛豫了几千万年的非晶态琥珀中仍然存在玻色峰，这也证明非晶的不均匀性不会随着非晶的弛豫趋向而消失，不均匀性是非晶合金的本质特性。

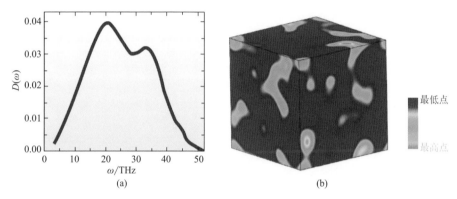

图 2.11 （a）CuZr 非晶合金模型体系的声子态密度，在低频时
呈现出明显的玻色峰，（b）非晶合金中对应于软模的软点分布

　　由于势能阱的局域形貌可以用简谐模型来描述，低频振动模所对应的势能阱较为平缓且能垒相对较低。因而，对低频模贡献较大的区域的原子也相对较容易越过势垒而发生局域重排，表明非晶对温度场响应的两类模式即热振动和局域重排是有密切关联的。

　　非晶体系对温度场响应的本质可以描述为一些局域原子因热能的驱动在势能图景的局域势能阱中振动或局域势能阱之间跃迁，呈现出非晶对温度场响应的不均匀性。显然，局域势能阱之间的跃迁包含着一个激活过程和一个弛豫过程（图 2.10），可对应于非晶的年轻化和老化。基于跃迁事件所包含的激活过程和弛豫过程的退耦合关系，可以很好地理解非晶体系在热扫描过程中所表现出的热滞后现象（图 2.12）。

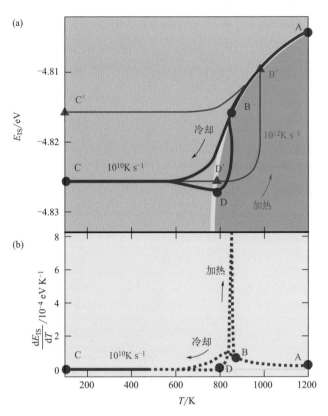

图 2.12　基于非晶合金中局域能谷间跃迁事件所
包含的激活过程和弛豫过程的退耦合关系的模型

非晶体系在热扫描过程中所表现出的热滞后现象

　　由于非晶合金势能图谱的复杂多样，使得非晶合金对温度场的响应表现出不均匀性，但也正是由于非晶合金对温度场响应的差异性，使得我们能够利用温度场，如退火、冷热循环等来调节不均匀性，进而实现对其性能的调控。

　　（2）应力场响应

　　非晶合金没有类似晶体的位错等缺陷的存在，其对应力场的响应与温度、应变率、加载方式密切相关。在不同的温度和应变率下，非晶合金表现出不同的响应模式。在高温或低应变率下，非晶合金表现为宏观的均匀塑性形变（黏性流动）。如图 2.13 所示，在低温或高应变率下，非晶合金对应力场响应的宏观表现为——局限于纳米尺度的剪切流变，证明了非晶合金对应力场响应的不均匀性。

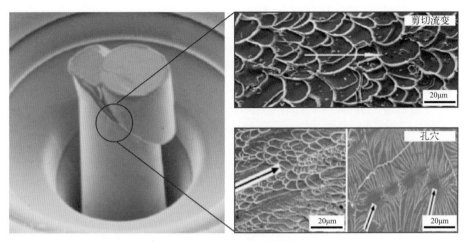

图 2.13　非晶合金的剪切形变及其滑移面的形貌特征：流变和孔穴现象

英国剑桥大学 Greer 教授通过剪切带附近锡熔化现象（图 2.14）给出了剪切流变过程中局域温度升高的直接证据，但局域温度的升高究竟是剪切流变产生的原因还是剪切流变带来的结果却不是很清楚。

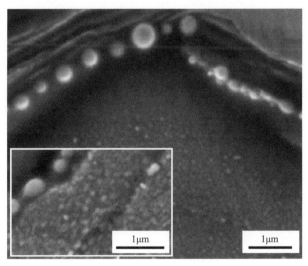

图 2.14　非晶合金剪切滑移面附近锡熔化的痕迹，表明了局域温度的升高

基于分子动力学模拟，可以获得非晶合金体系在温度-应力空间中关于黏度的相图（图 2.15）。当以黏度来表征体系的状态时，即以体系在应力下玻璃转变时的黏度定义玻璃转变的临界黏度，可以将相空间划分为玻璃态区域和液态/流变区域。通过这一相图，可以清晰地看到，要使得非晶体系达

到流变状态至少有 3 类方法：

① 应力不变，升高温度；

② 温度不变，增加应力；

③ 同时改变温度和应力。

因而可以得到两个重要的结论：

① 非晶在单纯的应力场下也可以产生流变响应；

② 局域温度的升高并不是剪切流变产生的必要条件，而可能只是应力释放时的一种表象。

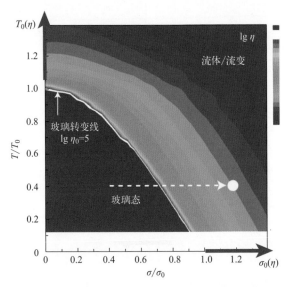

图 2.15 非晶合金在温度-应力空间的相图
由黏度定义了非晶合金的玻璃态和流变态

如图 2.16 所示，利用动态原子探针方法可从实验角度直观地展示非晶合金对力学响应的不均匀性，验证理论模型和计算模拟对非晶合金力学响应的理解。这类响应体现了原子在纳米尺度空间上的一种集体运动模式——能够承载剪切形变的原子团局部重排，被认为是非晶合金塑性变形的基本单元。

为了理解非晶合金对应力场的响应模式，人们提出了很多的模型。如图 2.17 所示，广泛被接受的两种微观模型是：Spaepen 提出的以单原子跃迁为基础的"自由体积"模型、Argon 提出的以原子团簇协作剪切运动为基础的"剪切转变区"模型。自由体积模型认为非晶合金的塑性形变是通过局部单个原子的跃迁来实现的，类似于原子的扩散。而剪切变形区模型认为非晶

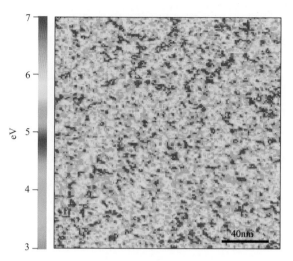

图 2.16　利用动态原子探针方法探测到的非晶合金表面对力场响应的局域不均匀性

合金的塑性流动是由非晶中基本的流动单元来承载的——这些基本单元是原子团簇或集团而不是单个原子。

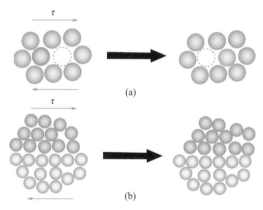

图 2.17　（a）自由体积模型与（b）剪切转变区模型示意图

以上两种模型都建立在平均场理论的基础上，虽然非晶合金在宏观尺度上是均匀的，但由于其基本激活单元的不均匀性特征，使得这些模型不能很好地解释，如锯齿流变行为、断裂行为等，非晶合金中普遍存在的力学行为。因此，考虑激活单元不均匀分布的特征对更好地理解非晶合金在外力场下的响应行为有着重要的作用。

2.1.3　非晶合金不均匀性的调控及应用

（1）不均匀性的调控

研究表明非晶合金的不均匀性与材料的诸多性能有着直接和密切的关联。因此可以将不均匀性作为非晶合金材料物性的载体，通过调节非晶合金的不均匀性，实现对其物性的优化与设计。冷却速率、低温退火、高压、蠕变等力学处理及超声、循环加载、降低材料的维度等手段都可以调节非晶合金的不均匀性从而实现性能的调节。

如图 2.18 所示，Zhao 等研究表明不同冷却速率的非晶合金样品表现出不同的低温弛豫特性，反映了动态不均匀性与冷却速率之间的关联，进一步表明可以通过改变冷却速率调节非晶合金的不均匀性。

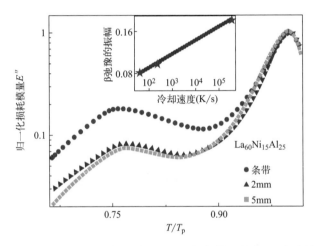

图 2.18　不同等效冷却速率的非晶合金样品的低温弛豫特性
反映了动态不均匀性的差异

因为非晶合金中的本征低温弛豫行为，使得人们可以利用在低于 T_g 的温度进行退火保温的方式来调节其不均匀性。由于低温弛豫行为的特征和相应的温度有着直接的关联，因而在不同的退火温度下退火对不均匀性的改变和效率是不相同的。对非晶合金体系熵改变最有效率的退火温度，大约在 $0.85T_g$（图 2.19），而接近 $0.85T_g$ 附近的退火处理也是目前被广泛采用的调节非晶合金不均匀性及其相关物性的重要手段。

对于非平衡态体系而言，老化——即随着时间的流逝，体系在不同能量势阱的驱动下，自发地向能量较低的状态演化，是其最本征的属性之一。非

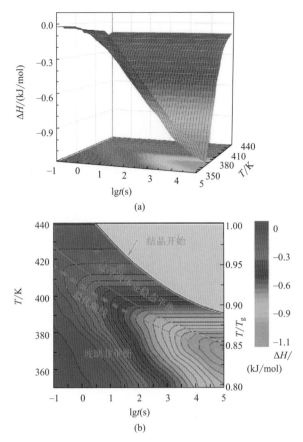

(a)

(b)

图 2.19　不同温度下退火时间对体系焓变化的影响

晶合金体系也是一种非平衡态体系，因而在时间场下，其不均匀性特征会自发地向能量低的状态演化，进而引起相关物性的改变。因而，如何调控老化的非晶体系的不均匀性，使得它恢复到老化前的不均匀性状态是被广泛关注的问题。人们采用离子辐照、自由表面、机械循环加载等方式改变非晶合金的不均匀性来实现非晶合金的年轻化。而最为直接的方式就是将老化后的非晶合金重熔再快速冷却，进而制备一个新的非晶合金。显然，这些方法都将对非晶合金的形貌等产生不可恢复的影响，因而并不是高效适用的调节途径。

最近的研究表明，利用低温冷热循环的方式可以有效地改变非晶合金的不均匀性，并达到实现非晶合金年轻化的目的。研究发现，低温冷热循环不仅可以使得非晶合金的状态老化，也可以使得其状态年轻化。如图 2.20 所示，运用低温冷热循环明显地改变了非晶合金的不均匀性，实现了其状态的年轻化。人们目前认为产生这一现象的根本原因是非晶合金局域膨胀系数的不均匀性，导致了其对热膨胀的局域响应不同，而引起在冷热循环过程中局域应变场分布的不均匀性。这些局域响应的不均匀性也将改变体系的不均匀性特征，达到调控其不均匀性的目的。

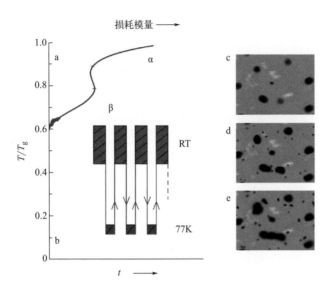

图 2.20　运用低温冷热循环改变非晶合金的不均匀性

（2）不均匀性的应用

通过控制材料的微观组织结构进而获得相应的物性是材料科学研究的核心之一。过去的几十年里，在探索非晶合金的过程中发现，其韧塑性和结构的不均匀性有着密切的关联。图 2.21 给出了具有超大压缩塑性的块体非晶合金。透射电镜结果表明，在其非晶结构内部，存在着在较大尺度上软硬区复合的不均匀结构。在非晶合金中引入多尺度（纳米至微米级）的结构不均匀性，使其在变形过程中有效地阻碍单一剪切带的快速扩展，以提高非晶合金中剪切带的数量，降低非均匀变形的局域化程度，是目前非晶合金韧塑化的主要手段。利用计算模拟方法发现，通过设定非晶合金中自由体积的不均匀分布方式，可以有效地改变其力学性能，实现加工硬化和塑性断裂；进一步分析发现，引入的结构不均匀性可以有效地改变应力场响应的非均匀性，促进了体系在应力场下的剪切带的萌生、增殖与相互交叉，进而提高非晶合金中剪切带的数量（图 2.22）。

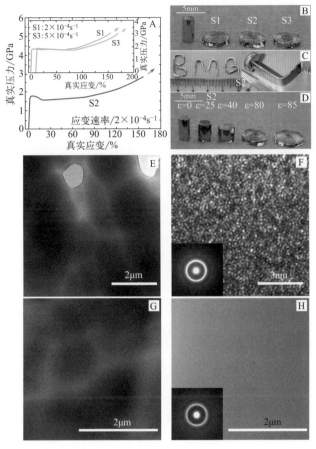

图 2.21　超大压缩塑性块体非晶合金的物性与不均匀性特征

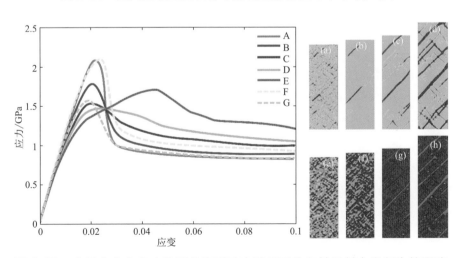

图 2.22　非晶合金中自由体积分布对动态响应不均匀性及其力学行为的影响

除了在力学性能上的应用外，调控非晶合金的不均匀性也可实现对非晶合金软磁性能（如饱和磁化强度、矫顽力等）的提高，影响非晶合金的耐腐性行为。因此非晶合金的不均匀性也为改善和拓展非晶合金的功能化应用提供新的机遇。

非晶合金的发展需要探索全新而有效的组织调控方法，如何高效地设计和调控其不均匀性，建立不均匀性与物性之间的关联及耦合关系，进而精确调控非晶合金的性能仍然是当前非晶合金研究所面临的挑战和亟待解决的问题。

2.2 非晶合金的弛豫

弛豫是非晶合金另一个重要的本征特性，也是非晶合金呈现静态和动态不均匀性的直观表现。弛豫指的是非平衡系统恢复到平衡态的过程。非晶合金作为一种典型的亚稳态材料，弛豫在非晶合金中无时无处不在发生，导致其微观结构和性质总是随着温度或时间的变化而演变。因此，弛豫行为研究一直是非晶合金研究的热点和重点。

2.2.1 弛豫模式

非晶物质的弛豫过程与其所处的温度范围密切相关。如图 2.23 所示，在熔点 T_m 到 T_c（交叉温度，约为 $1.2T_g$）范围内，体系处于过冷液体的高温段，液体中只有单一的弛豫行为。当温度降低至临界温度 T_c 以下时，这个单一的弛豫行为才会分离成 α 弛豫和 β 弛豫两种弛豫模式。当温度进一步降低至 T_g 以下时，α 弛豫时间已经超过了通常实验的观察尺度（也可以理解为被冻结），β 特征弛豫时间依然较小，因此 β 弛豫成为非晶固体玻璃转变温度下最主要的弛豫模式。

对于非晶态材料弛豫行为的研究一般最常用的手段是介电谱。图 2.24 是非晶物质弛豫的介电损耗谱。图中展示了四种弛豫模式所对应的频率位置，随着振动频率的增加，α 弛豫、β 弛豫、快 β 弛豫和玻色峰依次发生，其中土黄色区是 α 弛豫，它的频率最低、弛豫时间最长；绿色区是 β 弛豫，它的频率分布范围最广；粉色区是快 β 弛豫，它通常发生在高频或低温下；紫色区为玻色峰，它的振动频率最高、弛豫时间最短。由此可见，非晶物质的弛豫行为非常复杂，而复杂的弛豫图谱表明非晶物质组成粒子运动模式的多样性。

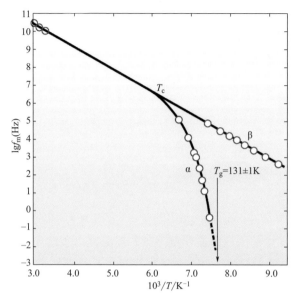

图 2.23　非晶形成液体中弛豫随温度的变化关系图

高温时只有一种弛豫机制，随着温度降低会劈裂形成 α 和 β 两种弛豫模式，其中非线性的 α 弛豫会在 T_g 温度以下被冻结

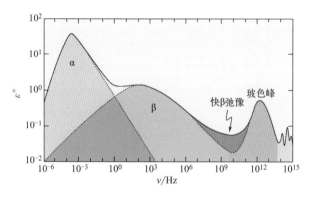

图 2.24　非晶物质的等热弛豫介电损耗谱

　　由于非晶合金是具有导电性质的金属材料，介电谱的手段不再适合非晶合金的弛豫研究。目前，一般利用动态力学分析仪（DMA）研究非晶合金的弛豫行为。如前面所述，玻色峰主要来源于非晶合金软区中无序粒子额外的低频振动模式。由于测试频率范围限制，很难利用 DMA 在非晶合金中观察到玻色峰。下面仅详细介绍非晶合金中三种主要的弛豫模式：α 弛豫、β 弛豫和快 β 弛豫。

（1）α 弛豫

α 弛豫，也称主弛豫。从微观角度看，α 弛豫是体系组成原子的大规模重排，是不可逆过程，所以它又被称为结构弛豫。α 弛豫激活温度 T_α 非常接近 T_g。如图 2.25，随着液体进入过冷液相区趋近于玻璃转变温度，α 弛豫特征时间 τ 随温度变化通常符合非阿伦尼乌斯（Arrhenius）关系。目前为止，有很多方程定量描述 α 弛豫特征时间随温度的变化，最常用的是 Vogel-Fulcher-Tammann（VFT）方程：

$$\tau(T) = \tau_\infty \exp\left(\frac{DT_0}{T - T_0}\right)$$

式中，τ 为 α 弛豫特征时间或黏度；τ_∞ 为前因子；D 为过冷液体的脆度；T_0 为 VFT 温度也称为理想玻璃动力学转变温度，表示在该温度下流动的势垒趋于无穷大。

过冷液体的脆性是用来区分不同液态物质在趋近于玻璃转变温度时的重要参数，可以用它来反映 α 弛豫的基本动力学特征。过冷液体的脆性概念最早由 Angell 在 1985 年提出。为了用一个统一的标准来研究液体的动力学行为以及液体结构的非线性弛豫，Angell 采用了一种约化的画法来表示黏度在过冷态的变化，即所谓的"Angell"画法，如图 2.25 所示。

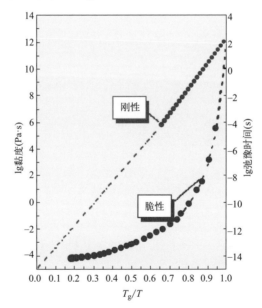

图 2.25　液体脆性概念示意图（Angell 画法）

具体来说，Angell 画法表示的是黏度的对数随着 T_g/T 的变化情况。根据 Angell 图，玻璃形成液体被分成两类：一种是刚性液体，它的过冷态液体行为呈现出近 Arrhenius 特性，在 Angell 图上近似或接近一条直线；一种是脆性液体，它的过冷态液体行为符合 VTF 方程，在 Angell 图上呈一条曲线。曲线偏离直线的程度越大，表明该种玻璃形成体的脆性也就越大。$T_g/T=1$ 处的斜率作为一个很方便的、衡量过冷液体脆性的量被定义为脆性系数 m

$$m = \frac{\mathrm{d}[\lg\tau(T)]}{\mathrm{d}(T_g/T)}\bigg|_{T=T_g} = \frac{\mathrm{d}(\lg\eta)}{\mathrm{d}(T_g/T)}\bigg|_{T=T_g}$$

式中，τ 为温度 T 时的平均弛豫时间；η 为温度 T 时的剪切黏度，τ 和 η 成正比关系。m 反映了液体结构随温度变化的难易程度。当 m 比较高的时候，认为液体是脆性的。SiO_2、GeO_2 在 T_g 处是典型的刚性液体，脆性系数 m 约等于 16；$K^+ Ca^{2+} NO_3^-$、glycerol 则表现出很大的脆性，m 值在 200 左右。非晶合金的 m 值一般在 25～100 之间，而铝基非晶合金是一类比较特殊的合金，m 值普遍大于 100。一般认为 $m < 40$ 的非晶合金为强的非晶合金液体，包括大部分的 Zr 和 CuZr 基合金。从 m 值定义可以看出，对于 m 值大的体系，其内部运动偏离热激活过程，更体现一种协同运动，即多运动单元相互关联的过程。

α 弛豫的激活能也可通过 m 进行计算。这里需要指出的是，除了 DMA，差示扫描量热仪（DSC）在研究非晶合金弛豫的热力学及动力学方面也发挥着重要作用。在非晶固体中，α 弛豫已经被冻结，加热时的玻璃转变是 α 弛豫的恢复过程，因此玻璃转变峰也被看作是 α 弛豫解冻过程的热力学信号。因此，通常采用 VFT 关系拟合 T_g 随升温速率 ϕ 的变化来计算 α 弛豫激活能。如图 2.26 所示，当采用 DSC 对 La 基非晶合金进行不同速率 ϕ 下升温扫描时，T_g 与 ϕ 的关系可用 VFT 进行拟合：

$$\ln\phi = \ln B - \frac{DT_0}{T_g - T_0}$$

此时，非晶合金过冷液体脆性 m 可通过拟合结果进行计算：

$$m = \frac{DT_0 T_g}{(T_g - T_0)^2 \ln 10}$$

α 弛豫激活能：

$$E_\alpha = mRT_g \ln 10$$

式中，R 为气体常数。

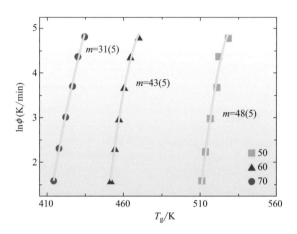

图 2.26　不同速率 ϕ 下升温扫描时玻璃转变温度的变化

Angell 画法的优点是可以让不同的液体在同一个基础上进行比较，之所以采用玻璃转变温度来约化温度轴并用来研究黏度（或 α 弛豫时间）对温度的变化特性，是因为玻璃转变温度可以通过通常的扫描量热仪得到。对于同一种物质，如果加热速率一定，即使其他试验条件都没有特别表明，不同的研究者之间的误差也一般不超过 2K。另外，大量实验表明，T_g 的数值还可从黏度的数值推算出来。对于分子熔体和水溶液，T_g 一般是黏度达到 10^{11}Pa·s 的温度。在一般的分析中，通常认为在 T_g 处有 $\lg\eta(\mathrm{Pa \cdot s})=12$。

虽然 Angell 并不是第一个采用这种画法的人，但他是第一个将这种方法广泛应用于脆性研究的。脆性概念提出之始就引起了人们广泛的关注，认为它作为衡量不同液体动力学的一个参数，搭建了介于宏观物理性质与微观性质、热力学性质与动力学性质的桥梁。它可以是过冷液体中不同粒子微观结构的体现，也可以是动力学能量起伏或密度起伏对脆性起决定作用。揭示液体的脆性本质是认识玻璃态物质及有关过冷液体性质的关键。实验发现，玻璃固态许多性质（如结构不均匀性、力学性质）都是和其过冷液体的 m 值有关（可参考后面章节）。

（2）β 弛豫

β 弛豫，又称 Johari-Goldstein（JG）弛豫，对应的运动模式是局域范围内粒子的平移或扩散运动，通常认为是可逆过程。β 弛豫的特征时间比 α 弛豫短，激活温度比 α 弛豫低。除此以外，β 弛豫还有如下两个典型特征。

首先，如图 2.27 所示，β 弛豫的特征时间随温度变化符合阿伦尼乌斯（Arrhenius）关系：

$$\tau_\beta = \tau_{\beta 0} \exp\left(\frac{E_\beta}{RT}\right)$$

式中，E_β 为 β 弛豫的激活能；R 为气体常数。

其次，β 弛豫的激活能 E_β 与 T_g 大部分存在如下关系，$E_\beta \approx 24(\pm 3)RT_g$。$E_\beta$ 通常采用 DMA 或者 DSC 进行分析得到。图 2.27 为 $La_{70}Ni_{15}Al_{15}$ 非晶合金在不同频率下的 DMA 扫描曲线，β 弛豫峰温度（T）和频率（f）之间的关系采用 Arrhenius 关系拟合：

$$f = f_0 \exp\left(-\frac{E_\beta}{RT}\right)$$

式中，f_0 为系数。拟合曲线如图 2.27 所示，可以得到 E_β 的数值。

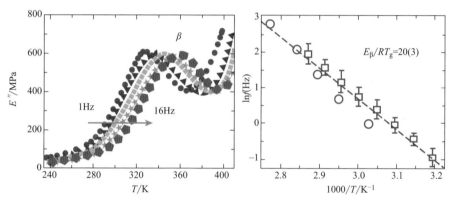

图 2.27 $La_{70}Ni_{15}Al_{15}$ 非晶合金在不同频率下的 DMA 扫描曲线和 E_β 的计算过程

金属与非金属材料的 E_β 与 T_g 之间的关系如图 2-28 所示。

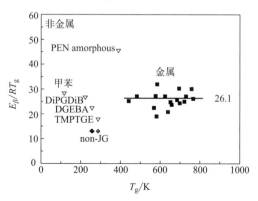

图 2.28 金属与非金属材料的 E_β 与 T_g 之间的关系

从上述关系可看出，β 弛豫与 α 弛豫彼此之间存在着紧密的联系，β 弛豫应是 α 弛豫的起点。事实上，现已建立了多种理论模型来帮助理解 α 弛豫和 β 弛豫的相互依赖和区别，如能量势垒理论（energy landscape theory）、模态耦合理论（mode coupling theory）、耦合模型（coupling model）等。图 2.29 给出了 α 弛豫和 β 弛豫及其随温度变化、分离行为和势能图谱的联系。在高温下，液体中粒子各态遍历，势能图是波动很小的平线；在过冷液态，势能图有大小能谷，α 弛豫对应大能谷之间的跃迁，β 弛豫对应于小能谷之间的跃迁，到低温非晶态，α 弛豫被困在一个大能谷中，β 弛豫还可以在此大能谷中的小能谷之间跃迁。

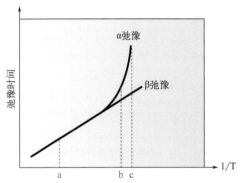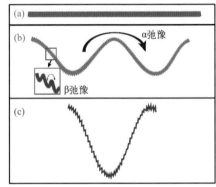

图 2.29　α 弛豫和 β 弛豫及其随温度变化和势能图谱的对应关系

右图中（a）（b）（c）分别对应于左图中 a、b、c 三个不同的温度点，$T_a > T_b > T_c$。

α 弛豫和 β 弛豫的相互作用与联系也在实验中得到确认。DMA 测量力学弛豫过程中使用最为频繁的是动态力学温度谱和动态力学弛豫谱，即等温扫频模式和等频扫温模式。图 2.30 给出了等频率扫温模式下的非晶合金的动态力学图谱。随温度升高，可以观察到体系的 β 弛豫峰和 α 弛豫峰。不同于明显的 α 弛豫峰，β 弛豫峰有时候并不那么清晰。β 弛豫峰的表现形式可以分为三类：明显的峰、肩峰和过剩翅。如图 2.31 所示，除了 $La_{60}Ni_{15}Al_{25}$ 非晶合金的 β 弛豫峰表现明显，其他成分的非晶合金 β 峰均表现为肩峰或过剩翅的形式。

β 弛豫在 DMA 图谱上的不同表现形式一直是非晶合金弛豫行为研究的重点内容之一，已经证实，其与弛豫激活能比值、过冷液体的脆性大小、合金液体的异常性质（液液相变、强脆转变等）、非晶合金的制备条件及后期处理等都存在密切联系。作为其中比较典型的发现，于海滨等研究了化学成分对 β 弛豫的影响，通过计算 Cu 基、La 基、Pd 基等非晶合金体系的混合

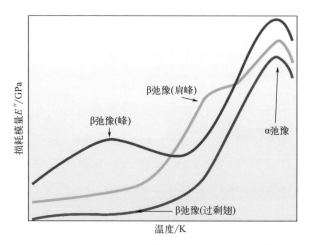

图 2.30　金属玻璃 β 弛豫峰在 DMA 中的三种典型表现

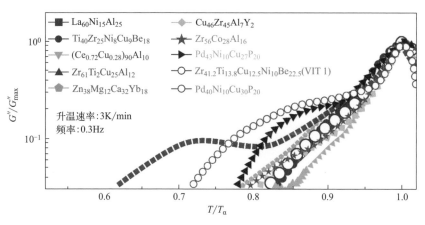

图 2.31　不同成分非晶合金的动态力学图谱

熔，发现化学组分的混合熔对 β 弛豫起到了关键作用。如图 2.32 所示，β 弛豫峰明显的非晶合金，其成分的原子对有着较大的负混合熔；如果成分的原子对中有正混合熔的出现，就会抑制 β 弛豫峰的出现，降低动态力学图谱中β 弛豫的损耗模量强度，从而导致 β 弛豫表现为过剩翅。

　　由于传统 DSC 的升温速率较慢，因此不容易通过 DSC 捕捉 β 弛豫的热力学信号。如图 2.33 所示，利用新开发的先进超快速扫描量热仪，在超高升温速率下可探测到快速冷却的非晶合金（未经退火）在玻璃转变温度之前出现一个明显的吸热峰，称作影子玻璃转变。通过系统地研究了 24 种具有不同 β 弛豫行为的非晶合金的影子玻璃转变行为，结果表明在快速冷却非晶

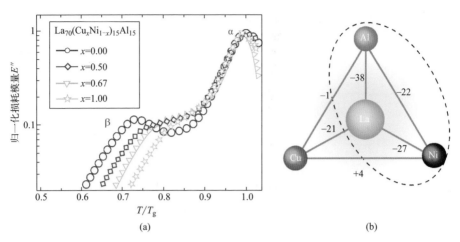

图 2.32 （a）La-Ni-Cu-Al 非晶合金的动态力学图谱，
（b）La-Ni-Cu-Al 体系中原子对的混合焓

合金中，就像玻璃转变峰是 α 弛豫的热力学信号一样，影子玻璃转变峰也是 β 弛豫的热力学信号。

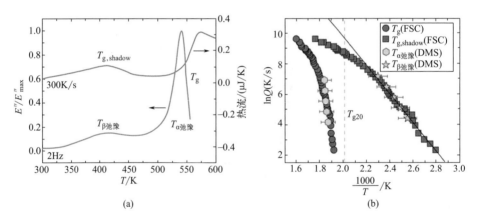

图 2.33 （a）La$_{50}$Ni$_{15}$Co$_2$Al$_{33}$ 非晶合金的热流曲线（300K/s）和动态力学图谱
（2Hz），（b）α 弛豫、β 弛豫、玻璃转变、影子玻璃转变信号作为温度倒数的函数
$T_{g,shadow}$——影子玻璃转变温度

如图 2.34 所示，在熔点 T_m 到 T_c 范围内，液体只有一种弛豫行为，其弛豫时间和液体的扩散系数 D 通过 Stokes-Einstein 关系关联。然而，随着温度降低，形成非晶的过冷液体的弛豫变得更加复杂。在温度低于 $1.2\sim 1.3T_g$ 时，弛豫模式发生分裂，可以观察到两种弛豫现象，Stokes-Einstein 关系不再适用，此时进入所谓的弛豫模式分离区。如果是在升温过程，该区

域也被称为不同模式的耦合区。两种弛豫行为在分离区的分离方式（或耦合方式）是非晶合金弛豫行为研究的一个重要分支。图 2.34 给出了聚合物中发现的几种典型分离方式：图（a）中，β 弛豫在整个温度区间内一直存在且弛豫机理不发生改变，α 弛豫在温度降低到某一临界温度时从 β 弛豫中分离出来；图（b）中，β 弛豫在整个温度区间内一直存在，而 α 弛豫在某一临界温度出现，但并不是从 β 弛豫中分离出来；图（c）中，β 弛豫虽然也在整个温度区间内一直存在，但弛豫机理却发生改变，在高温区，符合非 Arrhenius 特征，但在低温区符合 Arrhenius 特征，α 弛豫在温度降低到某一临界温度时从 β 弛豫中分离出来；图（d）中 α 弛豫在整个温度区间内一直存在且弛豫机理不发生改变，β 弛豫在温度降低到某一临界温度时从 α 弛豫中分离出来；图（e）中在高温时，存在一种既不是 α 弛豫，也不是 β 弛豫的弛豫行为，当温度降低到某一临界温度时，这种弛豫分裂为 α 弛豫和 β 弛豫。

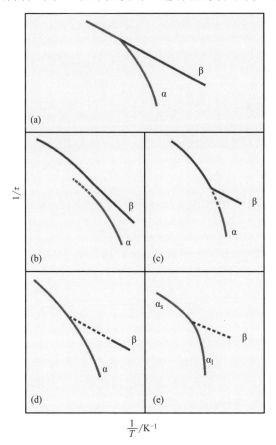

图 2.34 α 弛豫和 β 弛豫的几种典型耦合方式

由于非晶合金过冷液相区不稳定，很容易晶化，因此它们在分离区的弛豫行为尚不清楚。结合实验与理论的初步探索，发现金属玻璃中普遍存在的弛豫接合模式应该是图（d）中给出的模式（参见第 5 章图 5-15），即 β 弛豫在温度降低到某一临界温度时从 α 弛豫中分离出来，且 β 弛豫有转折。随着温度的升高，α 弛豫和 β 弛豫趋于靠近，最终 α 弛豫占据主导。

弛豫和扩散是过冷液体和非晶固体的两个基本动力学过程。α 弛豫和 β 弛豫在过冷液相区的分离方式与扩散行为密切相关。于海滨等人系统比较了弛豫和扩散的动力学特征，发现 β 弛豫和非晶合金组分中最小原子的扩散有密切关系。如图 2.35 所示，在不同非晶合金体系中，最小原子的扩散和 β 弛豫发生在相同的时间-温度范围内，而且二者的激活能相等。这表明小原子的扩散行为是和 β 弛豫耦合在一起的，虽然整体上扩散和弛豫已经没有明显关联。

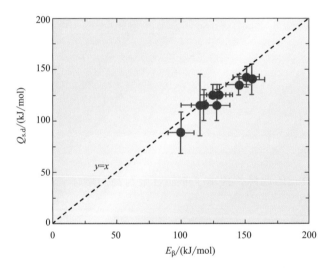

图 2.35　不同非晶合金 β 弛豫激活能和最小组分原子扩散激活能的关系

（3）快 β 弛豫

王庆等通过分析 La 基等体系的非晶合金在不同温度和频率下的 DMA 图谱，发现可以在更低的温度条件下观察到 α 和 β 以外的弛豫峰，即快 β 弛豫（图 2.36 中的 β′）。与 β 弛豫一样，快 β 弛豫的弛豫峰值温度与振动频率符合 Arrhenius 关系。快 β 弛豫的激活能则满足 $E_{\beta'} = 12RT_g$，约是 β 弛豫激活能的二分之一。

快 β 弛豫的发现颠覆了人们对于非晶合金弛豫图谱的原有认识。如图 2.37 所示，结合动态力学实验、纳米压痕测试和分子动力学模拟等多种

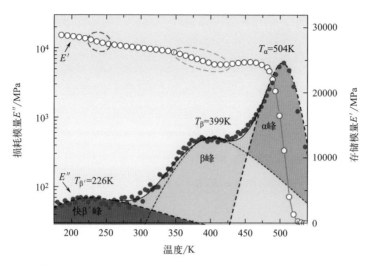

图 2.36　La 基非晶合金在 1Hz 测试频率，3K/min 加热速率下的动态力学图谱

动力学研究手段，研究发现快 β 弛豫的激活能和高温液体动力学的激活能保持一致，意味着在液体冷却过程中，高温液体的动力学模式并没有被完全冻结，一些原子可以延续高温液体的动力学模式至非晶固体中，导致了非晶固体低温下的快 β 弛豫峰。非晶合金固体中存在继承了高温液体动力学行为的类液体原子，它们在室温下仍然可以快速地扩散，有效黏度只有 10^7 Pa·s，比非晶合金通常的黏度低了至少 6 个数量级。这一发现澄清了非晶合金在低温下快 β 弛豫模式的起源，揭示了非晶合金与高温熔体之间的本征关联。

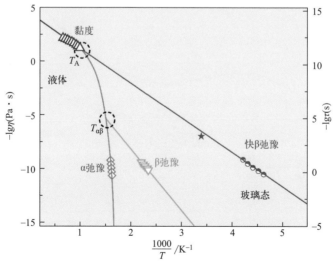

图 2.37　$Y_{68.9}Co_{31.1}$ 非晶合金的弛豫地图

（4）不同弛豫模式的关联

对于非晶合金三种主要的弛豫模式，在物理本质上，一直有一种微观结构特征串联其中，那就是结构不均匀性。其中比较有代表性的理论是汪卫华课题组提出的流变单元理论。流变单元是非晶合金中一种堆积密度低、能量高、弹性模量低和迁移率高的原子团簇，是快速冷却时被"冻结"在非晶合金中的液体结构，是基于非晶态不均匀性本质特征发现的动力学缺陷。流变单元通常会在升温或者施加外力的情况下被激活并发生变化。流变单元的密度和连接状态在很大程度上决定了非晶合金的动态弛豫行为。

如图 2.38 所示，在较低的温度下，非晶固体中只有流变单元里部分迁移率高的原子（如红球所示）会发生重排，它们的运动对应快 β 弛豫。快 β

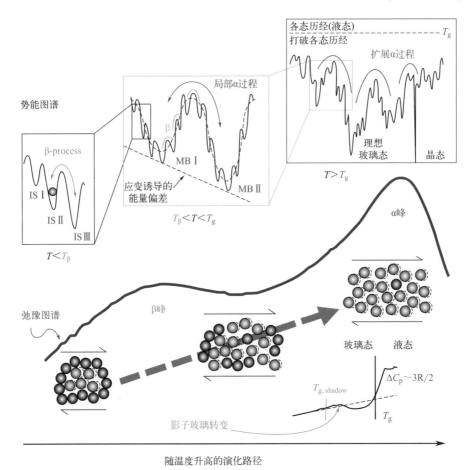

图 2.38　从非晶到液体的转变过程中，流变单元、弛豫和势能图谱的演变

弛豫是 β 弛豫的前序弛豫。在快 β 弛豫被激活后，如果继续升温接近 T_β（或者 $T_{g,shadow}$）时，流变单元中所有原子都会被激活。因此，非晶合金中流变单元的体积分数增加，流变单元周围更强的键合区（如蓝球所示）被逐渐激活，发生 β 弛豫。在这个阶段，流变单元里的原子从一种构型经历非弹性形变转变成另一种构型，它们的能量在小能谷之间跃迁，这种跃迁是可逆的（如图 2.29 所示）。当 β 弛豫完成后，随着温度继续升高至 T_α（或者 T_g），非晶合金中本来是局域的流变单元会渗透整个非晶合金结构，发生玻璃转变，即 α 弛豫。此时从固体转变为过冷液体，非晶合金的原子发生长程协同运动。

如图 2.39 所示，王军强等利用 Flash DSC 测量了非晶合金、高分子玻璃和小分子玻璃在不同退火条件下的热流变化。

由图 2.39 可见，不同退火温度和退火时间下的热流弛豫峰可以利用德拜方程描述，类似于晶体中的声子，具有明确的特征弛豫时间，故将这种动力学弛豫单元称为"弛豫子"。其构建的热流弛豫谱表现出与力学弛豫谱的一致性，表明非晶态物质的谱峰来自弛豫子的非均匀叠加。而且，弛豫激活能随退火温度和退火时间的演化满足经典弛豫模式，即从快 β 弛豫向 β 弛豫转变，最终进入到 α 弛豫的转变动力学行为，在熵空间中实现了对不同弛豫模式含量的定量表征。

非晶合金中 β 弛豫和 α 弛豫的相互关系，也可以从普通 DSC 的热流曲线（或比热曲线）中定性看出。观察图 2.40，可以看出不同的材料其放热模式有所区别。对脆性最小的 GeO_2 玻璃纤维来说，其放热曲线 A～G 的低温端不重叠，在趋近于玻璃转变峰的部分也不重叠；脆性相对较大的玄武岩玻璃[图 2.40(d)]，低温端曲线不重叠，高温端曲线重叠较好。由于低温端的放热通常由 β 弛豫完成，高温端则与 α 弛豫相关，图 2.40 放热模式的不同表明对于脆性小的玻璃，其 β 弛豫和 α 弛豫的相关性较大，β 弛豫影响升温以后 α 弛豫的路径；对于脆性大的玻璃，由于其结构不均匀性较强，β 弛豫并不一定会影响长程 α 弛豫的路径。可见，β 弛豫和 α 弛豫的相关性也与液体的脆性密切相关。$La_{55}Al_{25}Ni_{20}$ 金属玻璃的脆性介于 GeO_2 和玄武岩玻璃之间，所以其曲线的变化也居于两者之间。而对于铁基合金[如图 2.40(b) 所示]，液体脆性通常较大，其 A～D 曲线的变化仅表现在低温部分，高温部分受影响较少。

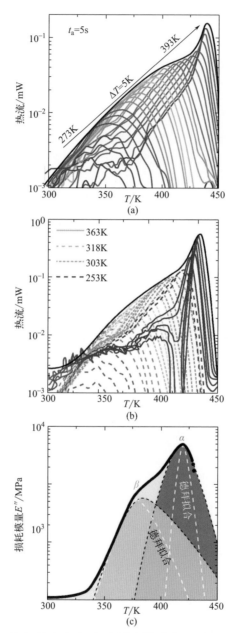

图 2.39　Au 基金属玻璃（a）在退火温度 T_a = 273 ~ 393K 下退火
5s 的热流弛豫峰，（b）在退火温度 T_a = 253K、303K、318K、363K
退火不同时间的热流弛豫峰，（c）力学弛豫谱

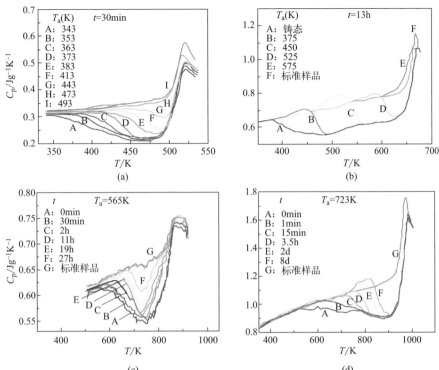

图2.40 玻璃在不同退火条件下（T_a是退火温度， t是退火时间）
的放热曲线

（a）$La_{55}Al_{25}Ni_{20}$ 非晶条带；（b）$(Fe_{0.5}Ni_{0.5})_{83}P_{17}$ 非晶条带；

（c）GeO_2 玻璃纤维；（d）玄武岩玻璃纤维

2.2.2 弛豫与非晶合金物性的关联

如何在无序的非晶合金中建立有序结构与固体性质的密切关联，这一直是非晶研究领域的难点。弛豫行为的研究为认识非晶合金内在结构和行为特征的关联提供了一条有效途径。这里主要介绍弛豫行为研究在理解力学响应机制和揭示非晶合金稳定性物理机制中的关键作用。

（1）非晶合金塑性变形机制与弛豫的联系

晶体材料的塑性变形依赖于结构缺陷（位错和孪晶）的运动。然而，非晶合金长程无序的原子结构使其没有所谓的结构缺陷。非晶合金实现塑性变形的基本单元为剪切转变区域，它是一个可以在剪切变形过程中承担原子结构重排且结构相对松散的动态区域。

于海滨等证明了非晶合金中β弛豫激活能与剪切转变区的激活能相等

（图 2.41），把 β 弛豫与非晶合金的变形联系起来，将非晶合金 β 弛豫的研究推向了高潮。并且，具有明显 β 弛豫的 La 基非晶合金具有更好的塑性变形能力，也证明了 β 弛豫在非晶变形机制中的关键作用（如图 2.42）。普遍认为，β 弛豫越明显，越有利于提高非晶合金的塑性。同在 $0.75T_g$ 温度下，具有明显 β 弛豫的 La 基非晶合金的拉伸性能要优于只有过剩翅的 CuZr 非晶合金。这为通过 β 弛豫调控非晶合金的力学性能提供了新思路。

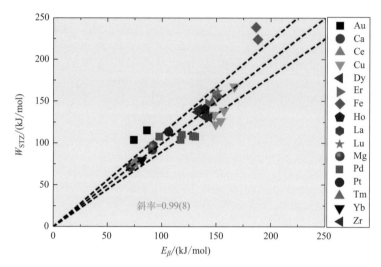

图 2.41 从非晶到液体的转变过程中，流变单元、弛豫和势能图谱的演变

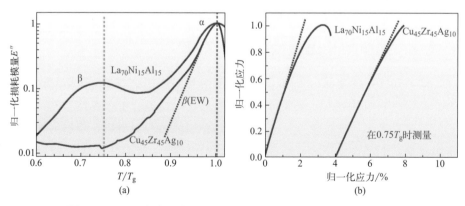

图 2.42 β 弛豫行为不同的非晶合金具有不同的拉伸性能

快 β 弛豫与非晶合金中的局部重排紧密相关，可以简单地被当作是诱导 β 弛豫的前驱体。王庆等通过分析 26 种非晶合金的快 β 弛豫行为，发现快 β 弛豫与 β 弛豫激活能之比越小的非晶合金，其塑性变形能力越强（图 2.43）。

这是由于通过激活非晶合金中的快 β 弛豫行为，可以促进多重剪切带的形成，从而澄清了某些金属玻璃体系出现韧-脆转变的原子机制，这一发现为从原子尺度定量预测非晶合金塑性变形能力提供了新视角。

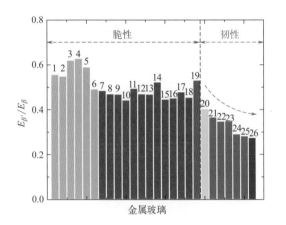

图 2.43　快 β 弛豫与 β 弛豫激活能之比与非晶合金塑性变形能力的关系

1. $(Ce_{0.72}Cu_{0.28})_{90}Al_{10}$ ；2. $(Ce_{0.72}Cu_{0.28})_{88}Al_{10}Fe_2$ ；3. $(Ce_{0.72}Cu_{0.28})_{85}Al_{10}Fe_5$ ；

4. $[(La_{0.5}Ce_{0.5})_{0.78}Ni_{0.22}]_{75}Al_{25}$ ；5. $(La_{0.78}Ni_{0.22})_{75}Al_{25}$ ；6. $La_{55}Co_{20}Al_{25}$ ；

7. $Y_{55}Co_{20}Al_{25}$ ；8. $Pr_{55}Co_{25}Al_{25}$ ；9. $Nd_{55}Co_{20}Al_{25}$ ；10. $Sm_{55}Co_{20}Al_{25}$ ；11. $Gd_{55}Co_{20}Al_{25}$ ；

12. $Tb_{55}Co_{20}Al_{25}$ ；13. $Ho_{55}Co_{20}Al_{25}$ ；14. $Er_{55}Co_{20}Al_{25}$ ；15. $Tm_{55}Co_{20}Al_{25}$ ；16. $La_{60}Ni_{15}Al_{25}$ ；

17. $Y_{65}Co_{35}$ ；18. $Er_{65}Ni_{35}$ ；19. $Mg_{65}Cu_{25}Co_{10}$ ；20. $Pd_{40}Ni_{10}Cu_{30}P_{20}$ ；21. $Zr_{46.8}Ti_{18.2}Cu_{7.5}Ni_{10}Be_{27.5}$ ；

22. $Zr_{41.2}Ti_{13.8}Cu_{12.5}Ni_5Be_{22.5}$ ；23. $Zr_{35}Ti_{30}Cu_{8.25}Be_{26.75}$ ；24. $Zr_{55}Cu_{30}Ni_5Al_{10}$ ；

25. $Zr_{52.5}Ti_5Cu_{17.9}Ni_{14.6}Al_{10}$ ；26. $Cu_{46}Zr_{46}Al_8$

（2）非晶合金稳定性与弛豫的联系

非晶态物质自诞生以来一直受到自身稳定性的困扰。理论上非晶态物质的结构和性能都会随着时间发生演化，特别是非晶合金，随着时间的推移，通常会发生弛豫、形核、结晶，最后长大成更为稳定的晶态合金。不同种类的非晶态物质会呈现出截然不同的稳定性，相对于琥珀类非晶态物质，非晶合金表现出较差的稳定性，因此人们总是想方设法地增强其稳定性，以有效保障使用过程中的安全，这也是非晶合金研究领域的重点和难点。

最传统的提高非晶合金稳定性的方法是在 T_g 以下对非晶合金进行退火处理，使高能态的非晶合金发生弛豫，从而提高其稳定性。如图 2.44 所示，张博等人通过约 17.7 年超长时间的室温老化才获得具有超高稳定性的 $Ce_{70}Al_{10}Cu_{20}$ 大块非晶合金，其稳定性甚至接近于琥珀。这里需要说明的是

$Ce_{70}Al_{10}Cu_{20}$ 非晶合金的 T_g 约为 353K，因此室温老化就相当于在 $0.85T_g$ 退火。分析认为 $Ce_{70}Al_{10}Cu_{20}$ 是典型的强液体非晶体系，在室温老化的过程中能够发生持续快速的弛豫过程，从而达到较低能量状态。

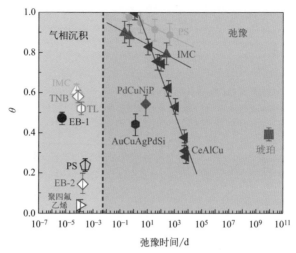

图 2.44　不同非晶材料的 θ 与室温退火时间的关系

θ 表示非晶材料在势能图谱上距离理想玻璃态的距离

另一种"超稳非晶合金"来自于物理沉积法，其稳定性相当于同成分传统非晶合金（由高温熔体快速冷却凝固得到）退火 1000～1000000 年。而实验上，制备一个这样的超稳非晶样品，仅仅需要数小时，相对于通过退火获得超稳非晶合金，极大地提高了超稳非晶合金的制备效率。前期研究发现，衬底温度在 $0.6T_g$～$1.0T_g$ 之间可以形成稳定性较高的非晶态材料，在 $0.85T_g$ 左右效果最佳。目前认为，非晶合金表面快速的弛豫动力学是室温衬底上形成超稳非晶合金的关键（如图 2.45）。Michael Ferry 等通过分析不同成分超稳非晶合金稳定性的提高程度，发现在 DMA 图谱上，β 弛豫越明显的非晶合金成分越容易形成超稳非晶合金，且其稳定性提高程度越高。弛豫行为在超稳非晶合金形成过程中具有关键作用。

此外，非晶合金的结晶通常发生在玻璃转变之后，但研究发现，一些来自外部周期场的扰动可以显著加速结晶，并促进 T_g 以下的结晶过程。这种效应的潜在机制被认为与 β 弛豫相关。Ichitsubo 等进行了在 T_g 温度以下用超声波处理 Pd 基非晶合金的实验，发现在 0.35MHz 的超声振动下，仅 18h 内 Pd 基非晶合金完全结晶。如果不加超声，在相同的温度下保持 75h 后样品仍然是非晶结构。在该温度下超声处理 10h，该非晶合金样品部分区域发

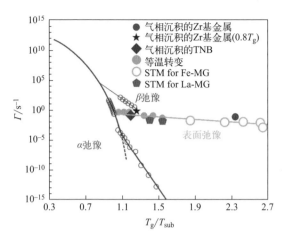

图 2.45　表面弛豫与其他弛豫模式的比较

生晶化，形成了部分结晶的非晶-晶体复合结构。目前认为，在一定的退火温度下，超声波频率位于 β 弛豫范围内，与超声振动随机共振的 β 弛豫相关的原子跳跃的积累使得结晶加速。

对弛豫动力学行为的研究一直是非晶合金领域的重点，理解非晶合金弛豫的特征和物理机制，揭示它与结构和性能之间的联系，对从弛豫角度指导开发新型大块非晶合金和调控其性能有着深刻的意义。

小结

不均匀性与非晶合金表现出的宏观物性之间存在着密切的关联，使得不均匀性特征有可能成为描述非晶合金结构-性能关联的有效途径。但目前对非晶合金中不均匀性的描述还相对简单，如何揭示非晶合金中描述结构和动力学不均匀性的本质参量和关键参数，建立不均匀性与物性之间的关联及耦合关系，是本领域面临的下一个关键问题。

人们已经逐渐意识到，由于具有结构无序且不均匀、非平衡以及多体系相互作用的本质，非晶合金的弛豫过程远比之前想象得复杂，在不同的空间和时间尺度下隐藏着丰富而独特的动力学行为。如果只从单一的角度或者在很窄的窗口下进行研究，得到的通常只是片面的认识。因此，非晶合金弛豫动力学的研究是一个多尺度以及多学科交叉的问题。在实践活动中，容易发生驰豫的非晶合金通常具有较差的稳定性，在外部条件变化时合金性能也可能发生改变。因此，驰豫问题与非晶合金制品的服役稳定状况也密切相关。超稳玻璃的制备、非晶合金的回春等，均表明只有深入理解玻璃的弛豫动力学行为及结构特征，才有可能实现对非晶合金性能及服役稳定性的广泛设计和优化。

第**3**章

非晶合金液体的
动力学普适性规律

YETAI
JINSHU
JI
YICHUANXING

非晶合金固体来自于合金液体。

液体降温过程中的动力学演变规律一直是材料领域及凝聚态物理领域的前沿和热点问题。在降温至接近玻璃转变温度 T_g 时，结构弛豫时间 τ_α（或黏度 η）的急剧增长是玻璃形成液体最突出的动力学特征。科学家们相继提出了多种理论（如 Adams-Gibbs 理论、RFOT 理论等）及公式（如 VFT 公式、MYEGA 公式等），试图描述玻璃形成液体中的弛豫行为，从而认识玻璃转变的本质。认识玻璃形成液体弛豫特征的关键之一是将不同液体结构弛豫时间与温度的关系 $\tau_\alpha(T)$ 进行普适描述。此外，玻璃形成液体的另一重要特征是接近玻璃转变时动力学非均匀性地显著增长。动力学非均匀性与结构弛豫之间的普遍关联也可为理解玻璃转变提供新的途径。

非晶合金液体降温过程中，弛豫时间与温度的关系于高温 T_A 处发生 Arrhenius 到非 Arrhenius 的转折。研究表明，T_A 不仅标志着原子协同运动的开始，还是统一描述液体动力学演变特征的重要标度因子。本章首先介绍非晶合金液体的弛豫特征与动力学非均匀性。其次，介绍液体非 Arrhenius 转折对应的原子尺度拓扑特征演变规律和微观演变图景。

3.1 非晶合金液体的弛豫特征

弛豫是玻璃形成液体及非晶合金的本征行为。处于平衡态的宏观系统受到外界的瞬时扰动而变为非平衡态，非平衡态系统恢复到新的平衡态的过程就叫作弛豫，弛豫过程所用的时间即弛豫时间，是研究弛豫行为最重要的参数。弛豫分为多种，在金属玻璃液体中，我们提到的结构弛豫多指 α 弛豫，其对应的弛豫时间为 τ_α，同时还存在结构更为近程的 β 弛豫、r 弛豫等。另外研究发现，剪切黏度 η 与 τ_α 存在线性关系：$\eta = G_\infty \tau_\alpha$，$G_\infty$ 为弹性模量，因此实验中容易测量的黏度与弛豫时间一样，均是表征液体弛豫行为的重要表征方法。

弛豫时间可通过测量空间数密度的时间关联函数——中间散射函数获得：

$$F_s(q,t) = \frac{1}{N} \langle \sum_{i=1}^{N} \exp\{i\vec{q} \cdot [\vec{r_i}(t) - \vec{r_i}(0)]\} \rangle \tag{3.1}$$

式中，N 为原子数；$\vec{q}$ 为波矢，$|\vec{q}|$ 一般取静态结构因子 $S(q)$ 的第一峰位置；$\vec{r}_i(t)$ 为 i 原子在 t 时刻的位置。图 3.1（a）为不同温度下 Lennard-Jones 体系的 $F_s(\vec{q},t)$ 演变规律，一般取 $F_s(\vec{q},t)=1/\mathrm{e}$ 时对应的时间尺度为弛豫时间 τ_α。在很短的时间间隔内，$F_s(q,t)$ 与时间呈二次关系。随着时间的延长，$F_s(q,t)$ 以不同的规律继续衰减：高温时，$F_s(q,t)$ 以指数关系迅速衰减为 0；但当温度降低到一定程度时，在中间时刻会出现一个小的肩峰，并且随着温度进一步降低，逐渐演变为一个非常明显的"平台"，该"平台"对应的行为一般称"笼效应"（cage effect）。此时液体的弛豫由单步弛豫模式演变为两步弛豫模式：分别为较快的 β 弛豫和较慢的 α 弛豫，$F_s(q,t)$ 的衰减表现为非指数形式。非指数弛豫是过冷液体的一个显著特征，一般可以用 Kohlrausch-Williams-Watts（KWW）方程（或称扩展指数方程）来拟合 $F_s(q,t)$ 在 α 弛豫阶段的衰减行为：

$$F_s(q,t)=\exp[-(t/\tau_\alpha)^\beta] \tag{3.2}$$

式中，$0<\beta\leqslant1$，如果 $\beta=1$，即为指数形式，β 值越小，偏离指数形式的程度越大。

另一个在分子动力学模拟中常用的物理参量是均方根位移（mean square displacement，MSD）。MSD 表征了体系中粒子在某一时间间隔内的位移，表示为：

$$\langle\Delta r^2(t)\rangle=\frac{1}{N}\sum_{i=1}^{N}\langle[\vec{r}_i(t)-\vec{r}_i(0)]^2\rangle \tag{3.3}$$

图 3.1（b）为均方根位移（MSD）与时间 t 的对数关系图，其行为与 $F_s(\vec{q},t)$ 的变化相对应。高温液体中，在时间间隔很短的阶段，MSD 与 t 的关系符合 $\langle\Delta r^2(t)\rangle\sim t^2$，这时候原子处于"弹道运动"状态，很少发生碰撞；随后二者关系转变为 $\langle\Delta r^2(t)\rangle\sim t$，这时原子的运动为扩散机制，原子间的碰撞占据主导。当液体降温至深过冷区时，与 $F_s(q,t)$ 的规律类似，原子的 MSD 曲线上也会出现一个"平台"，将上述两种运动机制分隔开。在平台阶段，原子的运动显然已经超过了"弹道运动"区，但 MSD 随时间的增长非常小，说明原子被限制在一个较小的空间区域中，阻止了进一步的扩散运动，这对应前面介绍的"笼效应"。在平台对应的时间尺度内，原子无法逃出由其近邻原子组成的"笼子"，但其内部的原子并不是完全不动，而是只能在"笼子"内部局域区域不停振动。如果经过足够长的时间，部分原子协同运动打破"笼子"，使得原子能够自由扩散，逃离"笼子"的过程对应 α

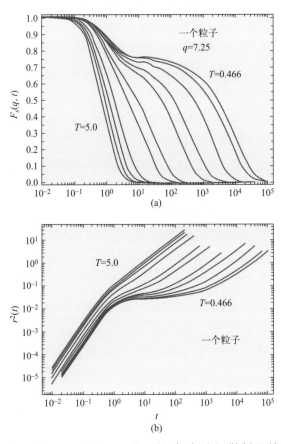

图 3.1　不同温度下 Lennard-Jones 体系的（a）中间散射函数 $F_s(\vec{q}, t)$ 与（b）均方根位移（MSD）与时间 t 的对数关系图

弛豫。"笼效应"在玻璃转变过程中起着非常重要的作用，其出现被认为是玻璃转变动力学的标志。

3.2　非晶合金液体的动力学非均匀性

非晶合金（金属玻璃）固体结构的无序性暗示了在不同空间位置原子的运动行为不同。非晶合金及其过冷液体中存在多种不同的特征弛豫模式，其介电损耗谱上表现出 α 弛豫、β 弛豫和更高频率的弛豫过程，甚至存在 Boson 峰值，这从某种角度也体现了动力学非均匀性的存在。2005 年，Ichitsubo 等人在退火过程中利用超声振动加速晶化，发现了 Pd 基金属玻璃的部分晶化现象，并解释为玻璃中存在原子密度高而运动能力差的强键合区域和原子密度低且运动快的弱键合区域，该工作通过电子显微镜非常直观地给出了金属玻璃中的动力学非均匀性。金属玻璃中的非均匀性与其宏观性质，如韧塑性、磁性、表面物性等密切相关，对非均匀性的研究有助于改善和调控玻璃固体的性能，具有重要的实际意义。

根据液固遗传性，玻璃固体中的非均匀性很可能来源于液体。随着近年来大量研究的出现，液体中的动力学非均匀性正被大家广泛认可，目前在对玻璃液体的描述中起着重要作用，已成为玻璃转变领域一个非常重要的课题。在过冷液体中，自扩散系数（Ds）与黏度（η）或弛豫时间（τ_α）之间的斯托克斯-爱因斯坦关系（Stokes-Einstein relation）失效就被普遍认为与动力学非均匀性相关。动力学非均匀性现象与动力学的时空波动有关。研究动力学非均匀性最初的动机源于解释过冷液体中的非指数弛豫过程。对此可以提出两种不同的解释。

① 液体空间可以划分为非常多不同的区域，在每个区域内弛豫行为是指数形式的，但在整个空间中彼此不同。因此，整个空间平均的响应函数表现为非指数形式。

② 弛豫是复杂的，并且本质上就是非指数形式的，即使是局域空间上也表现为非指数形式。两种解释都可以得出弛豫的空间非均匀性，即局域区域的动力学会快于或慢于整体平均水平。图 3.2 给出了二维 Lennard-Jones 体系在某一时刻的原子位移分布图，运动行为相近的原子倾向于聚集在一起，从而可以直观地看出动力学的空间不均匀分布。由于液体中原子不断运动、重排，慢区域最终有可能变为快区域，反之亦然，因此体系中具体的动力学非均匀性也是在不断变化的。

我们也可以从单个原子的位移来理解上述图景。如图 3.3 所示，单个原子的位移变化有两个特点。

① 位移是间歇性的，包括原子在某一位置附近长时间地振动以及快速地跃迁，两次跃迁之间相隔的时间（也就是在某一位置振动的时间）是各不相同的。

② 同一体系相同时刻，不同原子的运动轨迹非常不同。有的原子经历了多次跃迁，并且移动的距离较远，但也有原子在这个时间窗口内基本保持不动。

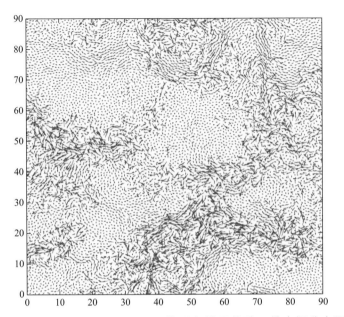

图 3.2　二元 Lennard-Jones 体系各粒子位移二维空间分布图

箭头表示每个粒子在相同时间内的位移大小及方向

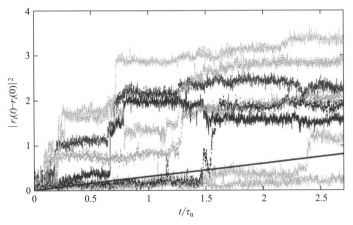

图 3.3　简单模型玻璃液体中单个粒子的平方位移与时间的关系

平滑的实线表示平均值

　　动力学非均匀性是指局域动力学行为的瞬时空间波动，其表征需要依靠波动分析相关的实验技术的发展。目前，已有工作利用四维核磁共振（NMR）以及用原子力显微镜技术在聚合物玻璃中直接探测到了纳米尺度的动力学关联长度。特别地，Vidal Russell 和 Israeloff 使用原子力显微镜技术，在接近 T_g 的过冷聚合物液体中测量了几十纳米大小体积的极化波动，表明动力学在时间上是间歇性的，快区域和慢区域之间可以互相转换。通过实验手段，也已经可以在胶体和颗粒物质中直接测量动力学关联运动，从而分析其动力学的非均匀性。此外，计算机模拟中也发现了动力学非均匀性的直接证据。相比聚合物、胶体等非金属液体，金属玻璃液体中动力学非均匀性的实验研究目前还较为困难，对原子关联运动区的直观观察、其存在的特征寿命以及典型长度尺度的确定都难以实现，因此现阶段金属玻璃液体中的动力学非均匀性研究主要依靠计算机模拟。目前，计算机模拟中常用的表征动力学非均匀性的参数主要有非高斯参数和四点动力学敏感度等。在此仅介绍非高斯参数。

在用模拟方法研究玻璃液体的动力学时，常通过范霍夫（Van Hove）自关联函数表征原子在任意给定时间内位移的分布，其表达式为：

$$G_s(r,t) = \frac{1}{N} \langle \sum_{i=1}^{N} \delta(r - |\vec{r_i}(t) - \vec{r_i}(0)|) \rangle \tag{3.4}$$

式中，$\delta(r)$ 即为 δ 函数。如果体系中不存在结构重排，比如时间间隔很小或者很长时，$G_s(r,t)$ 的分布符合高斯形式：

$$G_s^g(r,t) = [3/2\pi\langle \Delta r^2(t)\rangle]^{3/2} \exp[-3r^2/2\langle \Delta r^2(t)\rangle] \tag{3.5}$$

式中，$\langle r^2(t)\rangle$ 表示均方根位移。当体系中存在协同重排，即动力学的空间分布不均匀时，$G_s(r,t)$ 就会偏离高斯分布。$G_s(r,t)$ 偏离高斯分布的程度被定义为非高斯参数（non-Gaussian parameter）：

$$\alpha_2(t) = \frac{3\langle \Delta r^4(t)\rangle}{5\langle \Delta r^2(t)\rangle^2} - 1 \tag{3.6}$$

非高斯参数是表征动力学非均匀性常用的物理量，随着时间的延长，α_2 先是逐渐增大，在时刻 $\tau_{\alpha_{2,\max}}$ 达到最大值 $\alpha_{2,\max}$，然后逐渐减小，当时间间隔足够大时，其值降为零。这说明液体中的动力学非均匀性是随时间不断变化的，并且在中间时刻位移分布偏离高斯分布的程度越大，也就是动力学非均匀性最大，所以我们一般取该最大值 $\alpha_{2,\max}$ 来表示动力学非均匀性。由图 3.4 可以看出，随着温度的降低，最大值 $\alpha_{2,\max}$ 以及达到最大值所用的时间 $\tau_{\alpha_{2,\max}}$ 都会逐渐增大。

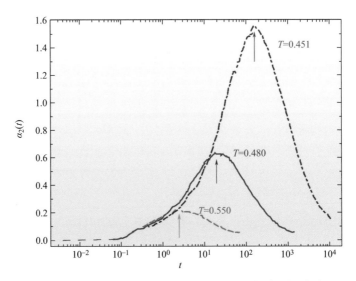

图 3.4　不同温度下的非高斯参数 α_2 随时间的演变

3.3　T_A 处的非阿伦尼乌斯转折

高于液相线温度的金属液体通常被认为是均匀的，且动力学机制恒定，其弛豫时间 τ_α（或黏度 η）与温度的关系符合 Arrhenius 公式：

$$\tau_\alpha = \tau_0 \exp\left(\frac{E}{k_B T}\right) \tag{3.7}$$

式中，τ_0 为指前因子，是与液体性质有关的参数；k_B 为玻尔兹曼常数；E 为激活能，是一个定值。但当温度进一步降低时，弛豫时间 τ_α（或黏度 η）与温度的关系逐渐偏离 Arrhenius，激活能受到温度的影响，如图 3.5(a) 所示。此时一般可以用 Vogel-Fulcher-Tamman（VFT）公式描述：

$$\tau_\alpha = \tau_\infty \exp\left[\frac{DT_0}{(T - T_0)}\right] \tag{3.8}$$

式中，τ_∞ 同样为指前因子；T_0 表示与体系有关的 VFT 玻璃转变温度；D 是与液体脆性相关的参数，D 值越小，表示脆性越大。由 Arrhenius 转变为非 Arrhenius 的温度一般称作 T_A。对金属玻璃体系而言，T_A 通常高于液相线温度 T_1 或在 T_1 附近。

弛豫时间与温度关系的非 Arrhenius 转折是玻璃形成液体中非常重要的

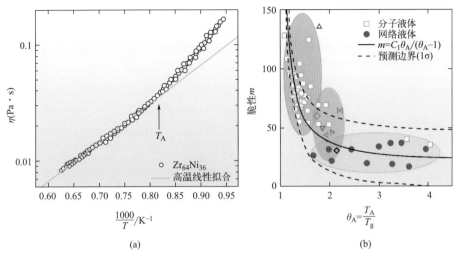

图 3.5 （a）Zr$_{64}$Ni$_{36}$ 金属玻璃液体中黏度 η 与温度的关系，（b）玻璃形

成液体的脆性系数 m 与 T_A/T_g 的关系

注：（a）中高温段符合 Arrhenius，T_A 开始出现偏离

一个现象，近来受到了广泛关注。目前普遍认为 T_A 是液体中原子协同运动开始的温度。Iwashita 等人发现，T_A 温度以上弛豫时间与局域构型激活（即通过得到或失去一个最近邻原子改变连接行为）所需时间非常接近，但当温度降至 T_A 以下时，弛豫时间显著增大，表明局域构型激活出现协同性。对大量分子液体、网络状液体以及非晶合金液体的研究显示，T_A 与 T_g 的比值与液体的脆性值 m 紧密相关，如图 3.5(b) 所示：对脆性 m 比较小的液体（如网络玻璃形成液体），T_A/T_g 值较大，也就是说，转折发生在相对更高的温度处；对于 m 很大的液体（如分子液体），T_A/T_g 值较小，转折一般发生于液相线 T_1 以下接近 T_g 的温度；金属玻璃（如 CuZr 基、PdNi基、MgCu 基等）属于中间脆性的体系，其 T_A/T_g 值在 2 附近（图 3.5 内的中空点），近期对不同金属玻璃体系的报道也证实了这一点。目前已有的研究结果均表明，与玻璃转变相关的结构或者动力学信息很可能从高温 T_A 已经开始出现，T_A 在认识玻璃转变过程中起着非常重要的作用，但是目前有关 T_A 的微观起源还没有清晰的解释，并且不同体系 T_A 处是否像 T_g 一样存在共性特征依然是需要深入探索的问题。

通过分子动力学模拟方法，对 Fe$_{80}$P$_{20}$ 非晶合金液体 T_A 处的微观特征进行了研究。图 3.6 给出了其快冷过程中能量的变化图。这里，E 表示体系

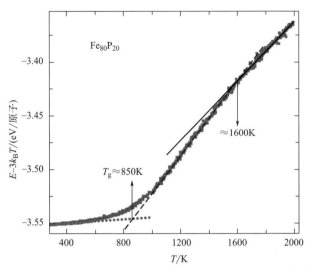

图 3.6 $Fe_{80}P_{20}$ 液体快速冷却过程中 E-$3k_BT$ 随温度的变化

实线、虚线和点线均表示线性拟合，较低的交点即为 T_g

的平均总能量，$3k_BT$ 表示体系的振动能。E-$3k_BT$ 随温度降低逐渐减小，在 850K 附近其变化率出现明显变化，低于该温度时能量变化非常缓慢。由此可以定义玻璃转变温度 T_g 约为 850K。进一步分析 T_g 以上的能量演变情况，发现在高于液相线的 1600K 附近还存在一个转折。相比于高温区间，1600K 以下能量降低得更快。图 3.7(a) 为 $Fe_{80}P_{20}$ 液体降温过程中间散射函数 $F_s(q,t)$ 随温度的变化情况。τ_α 定义为 $F_s(q,t)=1/e$ 对应的时间尺度。图 3.7(b) 即为 $Fe_{80}P_{20}$ 液体 τ_α 随温度 T 的演变。可以看出，高温（1600～2000K）段内，τ_α 与 T 的关系符合 Arrhenius，但当温度降低至 1600K 以下时，会出现强于 Arrhenius 的增长趋势。这与在大块金属体系中发现的 Arrhenius 到非 Arrhenius 的转折现象一致，因此，$Fe_{80}P_{20}$ 液体的非 Arrhenius 转折温度 T_A 约为 1600K。有趣的是，T_A 正好与前面介绍的 E-$3k_BT$ 发生转折的温度相近，说明当进入非 Arrhenius 温度区间时，随温度降低，液体的能量降低得更快。

虽然金属玻璃液体中的微观局域结构复杂多样，但可通过局域五重对称性实现对不同局域短程序的统一描述。局域五重对称性的表征是通过 Voronoi 分析实现的，一般记为 f^5。体系中每个原子 i 的局域五重对称性可表示为：$f_i^5 = n_i^5 / \sum_{k=3,4,5,6} n_i^k$。整个体系中的平均五重对称性可以表示为：

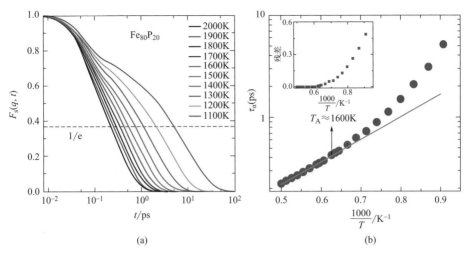

图 3.7　$Fe_{80}P_{20}$ 液体中，（a）不同温度下的中间散射函数 $F_s(q,t)$；

及（b）弛豫时间 τ_α 与温度的关系

注：虚线表示 $F_s(q,t)=1/e$，实线表示高温段 Arrhenius 拟合。

（b）中插图：残差随温度的变化

$<f^5>=\dfrac{1}{N}\sum_i f_i^5$。由图 3.8 可以看出，$Fe_{80}P_{20}$ 金属玻璃体系的平均五重对称性 $<f^5>$ 随温度的降低逐渐增大，且在 T_A 附近其增长速率加快。另外，图中还给出了具有不同五重对称性特征的原子组别随温度变化的具体演变情况。由图 3.8 发现，五重对称性较大的原子（$f^5\geqslant0.5$，$f^5\geqslant0.6$，$f^5\geqslant0.7$）随温度降低逐渐增多，并且在 T_A 附近均加快增长。而五重对称性较低的原子（$f^5\leqslant0.4$）虽然在高温时占据主导地位，但是随着温度的降低，其数量逐渐减少。

原子的连接特征对金属玻璃液体降温过程中的动力学减慢起着关键作用。根据胡远超等人的工作，金属玻璃液体中五重对称性大于 0.6 的原子更倾向于聚集在一起。基于这一点，针对 $Fe_{80}P_{20}$ 体系 $f^5\geqslant0.6$ 原子的连接行为展开研究。$f^5\geqslant0.6$ 对应的代表性 Voronoi 多面体类型有 $<0,1,10,2>$ $<0,2,8,2>$ $<0,2,8,3>$ $<0,1,10,3>$ 和 $<0,0,12,0>$ 等，这几种 Voronoi 多面体随温度降低呈现出明显的增长趋势，如图 3.9 所示，这与之前的报道结果也是一致的。

为研究 $Fe_{80}P_{20}$ 金属玻璃液体特征原子的空间连接行为，首先对 $f^5\geqslant0.6$ 的原子进行连接度的分析。连接度 k 被定义为：一个特征原子周围最近

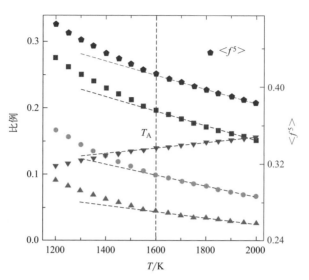

图 3.8 平均五重对称性< f^5 >以及 $f^5 \geqslant 0.5$，$f^5 \geqslant 0.6$，$f^5 \geqslant 0.7$ 和

$f^5 \leqslant 0.4$ 的特征原子占比随温度的变化情况

虚线仅作视觉指导用

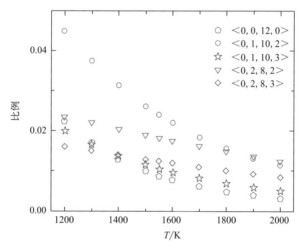

图 3.9　$f^5 \geqslant 0.6$ 的代表性 Voronoi 多面体类型随温度降低的增长情况

邻壳层中包含的与其类型相同的原子数目，k 的取值为大于等于 0 的整数。其分布函数 $P(k)$ 表示一个原子与 k 个同种原子连接的可能性大小。图 3.10(a) 展示了 $Fe_{80}P_{20}$ 液体在不同温度下 k 值的分布情况。可以看出，随着温度的降低，k 值的分布逐渐变宽，表明结构变得更加复杂多样；$P(k)$

的峰值位置向更大的 k 值方向移动，说明特征原子更倾向于聚集。在每个温度下统计 k 的平均值——$<k>$ 来表示液体中特征原子的整体连接特征。由图 3.10(b) 的主图，我们能直观地看出原子连接度平均值随温度降低的增长情况：在 T_A 温度以上，其增长趋势符合 Arrhenius，但当温度降至 T_A 以下时，$<k>$ 的增长趋势弱于 Arrhenius，说明其增长机制发生了变化。考虑到弛豫时间 τ_α 在 T_A 的非 Arrhenius 转折，$<k>$ 和 τ_α 必然存在某种关联。如图 3.10(b) 插图所示，在高于 T_A 温度时，$<k>$ 和 τ_α 之间符合幂律关系。但当温度进一步降低时，二者之间的幂律关系失效，弛豫时间的增长明显加快。这表明，当液体处于 T_A 以上的高温区时，特征原子的连接度普遍较小，对弛豫行为的影响较小；但当温度降至 T_A 时，其排布达到一定紧密程度，这时如果温度继续降低，原子排布的紧密程度稍有增加就会引起弛豫行为的显著变慢。

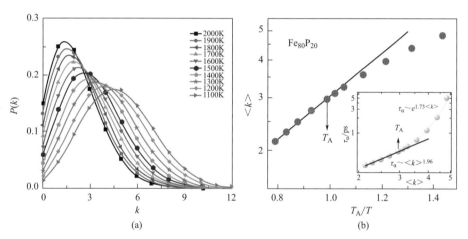

图 3.10　（a）不同温度下 $Fe_{80}P_{20}$ 液体中 $f^5 \geq 0.6$ 原子的 $P(k)$ 分布情况;

（b）$<k>$ 随温度的变化

注：黑色实线表示 Arrhenius 拟合。

（b）中插图：τ_α 与 $<k>$ 的关系。其中深蓝色实线表示幂律形式拟合 $\tau_\alpha\text{-}<k>^{1.96}$，

浅蓝色实线表示指数形式拟合 $\tau_\alpha \sim e^{1.73<k>}$

进一步分析可以发现，$Fe_{80}P_{20}$ 液体 T_A 温度处 $<k>$ 的具体值为 2.92，非常接近 3，这包含着重要的结构信息，表明 T_A 温度时，特征原子的连接由 $k=3$ 占据主导。当温度高于 T_A 时，特征原子较为分散，连接度 k 普遍低于 3，局域特征原子连接多形成平面结构，这种结构相对不稳定，其中的

原子非常容易发生运动。随着温度的降低，特征原子逐渐聚集。当温度降至 T_A 时，大多数原子的连接度达到 3。而当温度进一步降低至 T_A 以下，$k > 3$ 占据主导，意味着原子与周围至少 4 个原子相连接（为便于理解，可类比金刚石的结构），这时可以形成稳定的三维网状结构，原子的运动会受到周围原子的限制。图 3.11(a)～(c) 直观给出了 2000K、1600K（T_A）和 1300K 温度下，具有不同连接度的特征原子在空间的分布情况。其中蓝色球表示 $k < 3$ 的原子，绿色球表示 $k = 3$ 的原子，红色球表示 $k > 3$ 的原子。在 2000K 高温时大部分原子的连接度 k 低于 3，原子之间的空间关联性较小；而当温度降低至 T_A 以下时，体系中特征原子的空间排布更多呈现 $k > 3$。

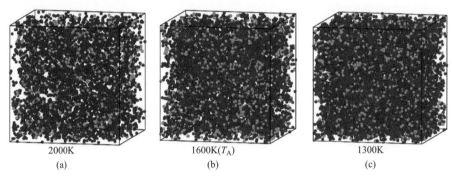

图 3.11　$Fe_{80}P_{20}$ 液体中特征原子连接度 k 的空间分布情况

（a）2000K；（b）1600K（T_A）；（c）1300K。其中蓝色球表示 $k < 3$，

绿色球表示 $k = 3$，红色球表示 $k > 3$

另外，我们还对特征原子在更长尺度范围形成团簇的情况进行了研究。与前面提到的 Voronoi 团簇不同，本节讨论的团簇定义为：对于所有选中的原子，只要两个原子有一个共同的最近邻原子，就认为二者属于同一个团簇。团簇的尺寸 N_c 由其中包含的原子个数表示。图 3.12(a)（b）给出了 $Fe_{80}P_{20}$ 玻璃液体降温过程中，团簇尺寸 N_c 分布随温度的变化情况，可以发现团簇尺寸的演变可以分为两个阶段：① T_A 以上时，随着温度的降低，团簇分布向 N_c 更大的方向扩展，具体表现为尺寸在 10～1000 个原子的团簇占比持续增大，尺寸小于 10 个原子的团簇所占百分比逐渐减小［如图 3.12(c)～(d) 所示］。② 当温度降到 T_A 以下时，最大团簇尺寸迅速增长，在 N_c 很大的位置（大于 1000 个原子）出现分布峰，并且温度越低，最大团簇尺寸越大。尺寸在 10～1000 的团簇随温度进一步降低明显减少，而尺寸小于 10 的小团簇百分

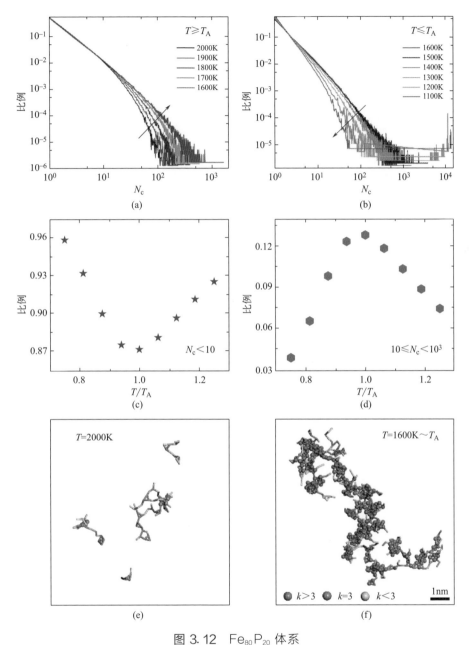

图 3.12　$Fe_{80}P_{20}$ 体系

（a）T_A 温度以上及（b）T_A 温度以下特征原子的团簇尺寸分布情况；

（c）尺寸小于 10 的团簇与；（d）尺寸在 10～1000 之间的团簇百分含量随温度的变化情况；

特征原子典型的连接特征：（e）2000K 与（f）1600K（～T_A）。为便于区别，

$k=3$ 和 $k<3$ 的原子由小球表示，$k>3$ 的原子由大球表示

比含量增加［如图 3.12(c)（d）所示］。这表明当温度低于 T_A 时，团簇尺寸呈现出"大的更大，小的更小"的状态，结构非均匀性更为明显。图 3.12(e)（f）给出了 $Fe_{80}P_{20}$ 体系 $f^5 \geqslant 0.6$ 的特征原子典型的连接特征。其中，粉色的大球表示 $k > 3$ 的原子，橙色的小球表示 $k = 3$ 的原子，而绿色的小球表示 $k < 3$ 的原子，互为最近邻的原子连接示意。T_A 温度以上时，特征原子多形成碎片状的结构。随着温度的降低，这些碎片化的结构相互连接，形成较大的团簇。图 3.12(f) 是 T_A 温度下的最大团簇，呈现出较为稳定的三维网状结构。随着温度进一步降低，特征原子的分布会迅速扩展至整个模拟盒子空间。

结合 Debenedetti 等人对势能图谱理论的解释，我们可以给出 T_A 处非 Arrhenius 转折对应的微观图景。温度高于 T_A 时，液体有足够高的能量遍历整个势能图谱，所经历的势能极小值点较浅。此时体系表现出与温度无关的弛豫激活能，为"自由扩散"（free diffusion）机制。该温度区间内五重对称性较高的特征原子相对较少，连接并不紧密，且特征原子聚集形成的团簇尺寸较小，整个体系中结构和动力学相对均匀，呈现出简单的 Arrhenius 变化趋势。当温度降到 T_A 以下时，液体中五重对称性高的原子之间连接更加紧密，平均连接度高于 3，以此局域短程连接为结构基础，在空间形成了稳定的网络状大团簇。单个原子的运动和扩散受到其周围原子的限制，只能通过协同重排进行弛豫，系统不再有足够的能量克服较高的能垒，从而在较低的能谷之间"流走"，表现出慢的动力学。这时，弛豫激活能随着温度的降低而增加，弛豫行为变为超 Arrhenius。

3.4 T_A 标度实现 $\tau_\alpha(T)$ 和动力学非均匀性的普适描述

借助 LAMMPS 软件，对 $Cu_{50}Zr_{50}$、$Cu_{64}Zr_{36}$、$Ni_{33}Zr_{67}$、$Ni_{50}Al_{50}$、$Ni_{50}Nb_{50}$、$Pd_{82}Si_{18}$、$Fe_{80}P_{20}$、$Fe_{80}Ni_{20}$、$Ag_{60}Cu_{40}$、$Ni_{80}P_{20}$、$Cu_{46}Zr_{46}Al_8$ 和 $La_{50}Ni_{35}Al_{15}$ 共 12 种金属玻璃体系展开分子动力学模拟研究，所使用的势函数为 EAM 经验势。图 3.13(a) 综合了通过分子动力学模拟方法得到的 12 种金属玻璃液体的 τ_α 数据，可以看出，在降温过程中，不同金属玻璃体系 τ_α 的具体增长趋势是不同的。考虑到 T_A 很可能是一个重要的温度标准，

尝试通过 T_A 对温度进行标度，并用 T_A 处的弛豫时间 τ_A 对 τ_α 进行标度。结果发现，在从 T_A 以上高温到 T_g 附近的较宽温度区间内，12 种金属玻璃体系的数据均叠加到了同一条主线上，如图 3.13(b) 所示。本文模拟结果与 Blodgett 等人对实验中测得的黏度数据的处理结果一致。这表明，无论在实验还是模拟中，不同金属玻璃液体的结构弛豫时间或黏度随温度的演变均可以 T_A 作为桥梁实现普适描述。只要测得 T_A 及 T_A 处的弛豫时间 τ_A，就可以预测从高温熔体至接近玻璃转变这一降温过程中弛豫时间 τ_α 的演变情况。

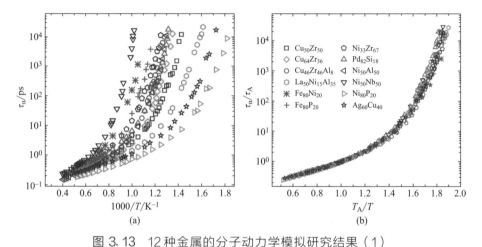

图 3.13 12 种金属的分子动力学模拟研究结果（1）

（a）12 种金属玻璃弛豫时间 τ_α 随温度变化的 Angell 图；（b）由 τ_A 标度的弛豫
时间 τ_α / τ_A 与由 T_A 标度的温度 T_A/T 之间的关系

玻璃形成液体在降温过程中，其动力学非均匀性是逐渐增长的。但是如图 3.14(a) 所示，对于不同的金属玻璃液体，降温过程中动力学非均匀性（由 $\alpha_{2,\max}$ 表征）的具体演变情况是非常不同的。如图 3.14(b) 所示，用 T_A 对温度 T 进行约化，可以将所有体系的 $\alpha_{2,\max}$(T) 曲线移到同一条主线上。由此可以得到一个有趣的结果，即对于不同的金属玻璃体系，T_A 温度处 $\alpha_{2,\max}$ 的值基本相等。

如图 3.15 所示，12 种金属玻璃体系 T_A 温度处对应着一个恒定的 $\alpha_{2,\max}$ 数值，均在 0.2 附近。在此之前，我们对 T_A 的认识仅限于：T_A 是液体的结构弛豫偏离 Arrhenius 行为的温度，是液体中原子协同运动开始的温度。本工作首次从动力学非均匀性角度对 T_A 进行定量认识，表明 T_A 不仅与结构弛豫有关，更与动力学非均匀性密切相关，不同体系金属玻璃形成液

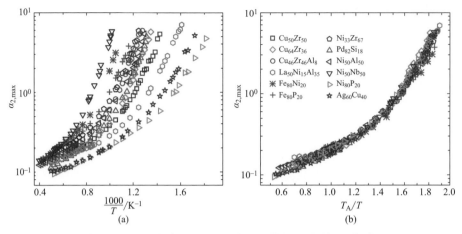

图 3.14　12 种金属的分子动力学模拟研究结果（2）

（a）12 种金属玻璃液体 $\alpha_{2,max}$ 随温度降低的演变情况；（b）12 种金属
玻璃液体 $\alpha_{2,max}$ 与约化温度 T_A/T 的关系

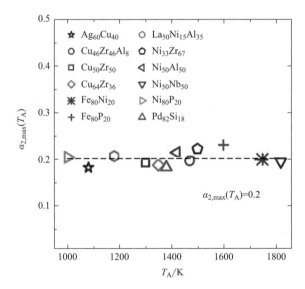

图 3.15　不同金属玻璃体系 T_A 温度对应的 $\alpha_{2,\,max}$

体 T_A 温度对应的动力学非均匀性大小基本恒定，即 $\alpha_{2,max} \approx 0.2$，这为协同
运动的开始提供了量化标志。另外，根据 $\alpha_{2,max}$ 与温度的归一化关系，只要
知道一个体系的 T_A，就可以预测该体系在整个温度区间的动力学非均匀性
$\alpha_{2,max}$ 的演变情况。也就是说，T_A 可以帮助实现从高温源头预测金属玻璃
液体的动力学性质。对于金属玻璃体系，T_A 一般是高于液相线温度的，液

体相对稳定，相比于过冷液体，在实验中更容易测定。因此，T_A 对于认识金属玻璃液体的性质具有重要的实际意义。

基于前面的结果与分析，T_A 既是根据液体的结构弛豫行为得到的特征量（非 Arrhenius 转折温度），又是动力学非均匀性恒定的特征温度，这暗示了结构弛豫与动力学非均匀性之间的内在关联。但如图 3.16(a) 所示，对于不同的金属玻璃体系，其具体关系存在差别。如果用 τ_A 对弛豫时间 τ_α 进行约化，就会发现对于所有的研究体系，$\alpha_{2,max}$ 与 τ_α/τ_A 的关系均落在同一条主线上 [图 3.16(b)]。该结果直接说明了在金属玻璃液体中存在动力学非均匀性与结构弛豫时间的普遍定量关联。

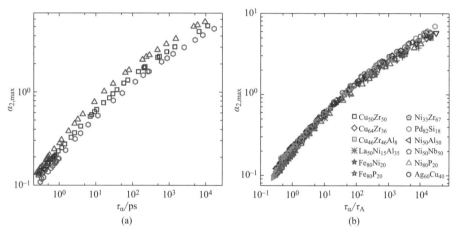

图 3.16　不同金属玻璃体系中 $\alpha_{2,max}$ 与 τ_α，τ_α/τ_A 的关系

（a）12 种金属玻璃体系中 $\alpha_{2,max}$ 与 τ_α 的关系；（b）12 种金属玻璃

体系 $\alpha_{2,max}$ 与标度弛豫时间 τ_α/τ_A 的关系

Wang 等人对不同模型玻璃液体的研究发现，通过恒定动力学非均匀性得到的特征温度 T^* 和特征时间尺度 τ^*，分别对温度 T 和弛豫时间 τ_α 进行标度，可以实现所有研究体系 $\tau_\alpha(T)$ 的标度归一，并且金属玻璃体系 $Cu_{50}Zr_{50}$ 也符合这一规律。前面已经发现，在不同金属玻璃体系中，以 T_A 和 τ_A 对温度和弛豫时间进行标度，可以得到 $\tau_\alpha(T)$ 的归一化描述，且 T_A 为动力学非均匀性相等的点。接下来任意选定 $\alpha_{2,max}$ 相等的状态，这里以 $\alpha_{2,max} \approx 0.8$ 为例，并找到该状态对应的温度和弛豫时间，作为特征温度（记为 T^*）和特征时间（记为 τ^*）。如图 3.17 所示，若以 τ^* 对弛豫时间 τ_α 进行约化，则本工作中所有金属玻璃体系 $\alpha_{2,max}$ 与 τ_α/τ^* 的关系均叠加到

同一条曲线上。以 T^* 对温度 T 进行约化，可以将所有体系的 $\alpha_{2,\max}$ 与 T^*/T 的关系叠加到同一条曲线上。此外，利用特征温度 T^* 和特征时间 τ^*，分别对弛豫时间和温度进行约化，可以得到 τ_α/τ^* 与 T^*/T 之间的标度归一，如图 3.18 所示。以上结果说明，在金属玻璃体系中，通过恒定动力学非均匀性得到特征温度和特征时间，也可以得到动力学演变规律的标度归一，这与模型液体中得到的结果一致。

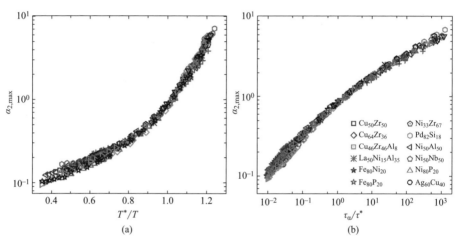

图 3.17 （a）12 种金属玻璃体系 $\alpha_{2,\max}$ 与标度弛豫时间 τ_α/τ^* 的关系；
（b）12 种金属玻璃体系 $\alpha_{2,\max}$ 与标度温度 T^*/T 的关系

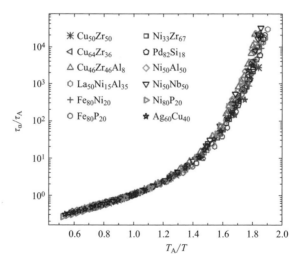

图 3.18 不同金属玻璃液体 τ_α/τ^* 与 T^*/T 之间的标度归一

图 3.19 为 12 种金属玻璃体系的 T^* 与 T_A，二者符合线性相关：$T^* = 0.65T_A$。这表明，T_A 之所以可以实现动力学非均匀性及弛豫时间的标度归一，根本原因是 T_A 处的动力学非均匀性恒定。在模型液体中已经发现，特征时间尺度 τ^* 与液体的脆性 m 具有非常好的相关性。那么金属玻璃体系是否符合这个规律？首先我们定义 $\tau_a = 10000\text{ps}$ 的温度为玻璃转变温度 T_g，并用 VFT 公式对过冷液体的弛豫时间与温度关系进行拟合。然后根据脆性的定义，分别计算 T_g 处的一阶导数，从而得到本章研究的 12 种金属玻璃液体的脆性 m。图 3.20 给出了不同金属玻璃液体特征时间尺度 τ^* 与脆性 m 的关系。从图中可以看出尽管存在涨落，τ^* 与 m 基本呈负相关，说明特征时间尺度 τ^* 与宏观可测量的液体脆性 m 相关，对后续的研究具有指导意义。

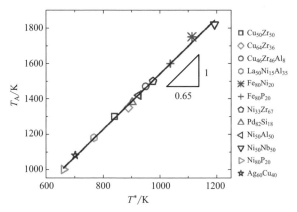

图 3.19　不同金属玻璃体系 T^* 与 T_A 的关系

实线表示线性拟合 $T^* = 0.65T_A$

基于以上分析，T_A 温度的特殊性就在于它是连接结构弛豫和动力学非均匀性的桥梁，给相对抽象的微观动力学非均匀性相等的状态点找到了宏观的对应，以这个宏观可测的高温动力学转折点为突破口，或许可以为液体动力学非均匀性的研究提供新的思路。另外，T_A 作为归一化描述液体动力学性质演变规律的关键特征温度，其重要性不亚于 T_g，值得进一步深入探究。

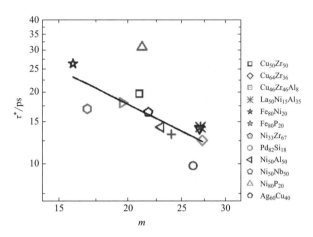

图 3.20　不同金属玻璃液体中，特征弛豫时间 τ^* 与脆性 m 的关系

小结

非晶合金液体的弛豫特征是认识玻璃转变的基础和关键。本章介绍了非晶合金液体弛豫时间与动力学非均匀性的普遍归一化关系，及二者随温度演变的大体的普适规律，揭示了不同体系合金液体非 Arrhenius 转折温度 T_A 处的基本共性微观特征信息。T_A 处不同合金体系的动力学非均匀性基本相同，且稳定的三维网状结构开始形成，原子间协同运动的作用开始显现。

本章内容是基于分子动力学模拟得到的结果，而目前实验上暂时还缺乏量化金属液体动力学非均匀性的关键指标，因此弛豫时间与动力学非均匀性的归一化关系可为其提供一种预测方法。此外，需注意非 Arrhenius 转折处的能量变化趋势也存在转折，如何进一步发掘其潜在的热力学特征信息对非晶合金动力学行为的影响也是值得思考的重要科学问题。

第 **4** 章
液态金属的液液相变

YETAI
JINSHU
JI
YICHUANXING

非晶合金的高温熔体结构与非晶态材料结构十分相似，具体表现为长程无序、短程有序、宏观均匀以及各向同性。在液体中也会出现中程序的结构。不同的是，在非晶态材料中，原子是定域态的，而熔体中的原子或者分子可以振动、平动或者长程流动。从能量的角度看，熔体通常处于热力学平衡态，而非晶合金固体一般为亚稳态。高温熔体作为金属玻璃的母液体，根据液固遗传性，其结构演变对金属玻璃的性质有很大的影响。生产实践也表明，生产工艺相同，熔体状态不同，最终制备的非晶制品的热稳定性及性能也会产生差别。尽管非晶合金液体的动力学性质演变总体来讲具有一定的普适性规律（如第 3 章所述），但具体到不同的非晶合金液体，其结构与性质随温度的演变仍具有复杂性。液液相变现象是非晶合金液体复杂动力学行为的典型表现，也是当前金属玻璃液体性质研究的前沿和热点。

4.1　液液相变的定义

液液相变现象指的是同一成分的液体由于受到外部条件的影响，发生的从一种液体状态转变成另一种液体状态的现象。通常，两种液体的状态存在着比较大的差别。有实验证据表明，压力和温度是诱导液液相变现象的两个主要因素，具体表现为密度、电阻率、比热、焓等物理参数的变化。液液相变现象最早是在水中被发现的。水是最常见但也是最复杂的液体之一。目前，已经证实，水的玻璃体存在高密度和低密度两种形式。美国科学院院士 C. A. Angell 在 2016 年发现水溶液在升温、降温过程中存在可逆的热容变化，证实了水的液液相变现象。除了水之外，人们在 P、Si、SiO_2 等非金属液体中也发现了液液相变现象。早期关于液液相变的研究工作多集中在纯金属或非金属玻璃形成熔体中，如 Sb、In、Sn 以及 CuSn 等。它们的高温熔体在温度降低的过程中均出现了黏度的转折，并在转折温度处观察到了放热或者吸热现象。

在远高于液相线的非晶合金熔体中，液体内部动力学相对均匀，原子的运动属于自由扩散机制，激活能恒定，此时液体的弛豫行为符合 Arrhenius 方程。然而，当降到 T_A（见第 3 章）温度以下，原子之间的关联性迅速增强，金属熔体不能再被当作原子自由扩散、结构均匀的液体。这为液液相变现象的发生提供了可能。液液相变意味着熔体中金属原子的重组，即熔体中原子或原子团簇从一种状态转变为另一种状态。而黏度或弛豫存在的突变行为也可以被认为是熔体中微观结构重组的直观体现。2006 年，Sheng 等人在 Ce-Al 体系中发现了液液相变现象，证实了液液多非晶型转变在金属玻璃体系中存在的可能性。利用高温高压 X 射线衍射仪，Cadien 等人在实验中首次观察到了随温度的升高，纯金属 Ce 从高密度到低密度液体的转变，并归因为 f 电子的非局域化。与纯 Ce 发生 14% 的密度变化不同，$Zr_{41.2}Ti_{13.8}Cu_{12.5}Ni_{10}Be_{22.5}$ 高温熔体的液液相变过程并没有明显的密度变化，但动力学转折比较明显，且液液相变温度附近伴有微弱的放热峰。通过对 $Ni_{59.5}Nb_{40.5}$ 和 $Ni_{60}Nb_{34.8}Sn_{5.2}$ 的准弹性中子衍射研究发现，原子跳跃过程的存在时间对体系密度和黏度表现出同样的依赖关系，并且在同一温度下依赖关系都发生转折。但相比较密度，黏度随温度的变化更为明显。Xu 等人利用核磁共振技术研究了 $La_{50}Al_{35}Ni_{15}$ 高温熔体中原子的笼子体积起伏和扩散系数，证实了合金熔体中液液相变的存在；通过第一性原理分子动力学模拟发现键取向序参数在液液相变中发挥重要作用，并且密度变化不明显。俄罗斯 V. I. Lad′yanov 教授团队专注于边缘合金 Fe 基系列金属玻璃形成液体的动力学研究，在熔点以上发现其合金液体的黏度存在明显的突变，而且该黏度突变过程可逆。尽管 V. I. Lad′yanov 教授仅仅把这种现象归因为可能存在的某种结构变化，然而这一现象却为金属玻璃液体存在液液相变提供了潜在的证据。德国 Samwer 课题组通过电容器的放电效应实现对 Zr 基金属玻璃固体的快速升温（约 106K/s），发现升温至 1200K 以上的合金液体其第一衍射峰的峰位及其随后的晶化过程与升温至 1000K 以下的合金液体存在明显差异。可以看出，密度或者热量变化并不一定是非晶合金液体中液液相变发生的必要条件，动力学机理上的转变反而伴随着液液相变现象普遍发生。不同金属玻璃体系的液液相变现象见图 4.1。

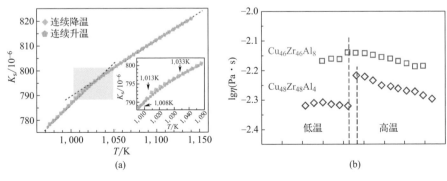

图 4.1

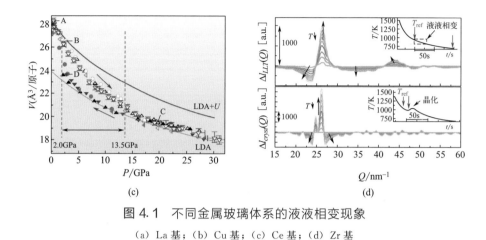

$$(c) \qquad\qquad (d)$$

图 4.1　不同金属玻璃体系的液液相变现象

（a）La 基；（b）Cu 基；（c）Ce 基；（d）Zr 基

国际上金属玻璃液体的液液相变或强脆转变现象主要集中在 Zr 基和 Cu 基。

4.2　单质金属熔体的液液相变

　　黏度作为描述液体动力学性质的一个重要指标，可以体现液体结构随温度变化的演变规律。黏度的变化过程是一个热激活过程，非晶合金熔体的黏度普遍认为随温度的变化符合 Arrhenius 公式。但相当一部分实验结果表明在整个温度范围内，高温金属熔体的黏度随温度的变化并不是单调的，在某些特定的温度附近，黏度存在突变现象，并在新变化的基础上继续符合 Arrhenius 公式。越来越多的研究结果显示：高温金属熔体的黏度突变是一普遍的现象，而这一现象与熔体中团簇的变化密切相关。以铝为例，铝熔体升温过程中黏度值在 780℃ 左右和 950℃ 左右发生突变；在降温过程中，黏度的突变发生在 930℃ 左右与 750℃ 左右，如图 4.2 所示。通过 Al 熔体氢含量的测定以及分子动力学模拟方法，进一步探索了 Al 熔体液态微观结构与熔体黏度的内在联系。含氢量的测定结果表明：氢含量随温度变化在 780℃ 左右发生突变。通过对液态 Al 的分子动力学模拟，发现 Al 的第一近邻配位原子的排布方式随温度的变化在 780℃ 左右与 950℃ 左右也存在突变。这似乎可以说明含氢量以及配位数的变化是导致黏度突变的原因。至于在升温和降温过程中发生黏度突变的温度不同，降温过程黏度突变点存在的滞后性，是由于熔炼后的母合金存在微观不均匀性，升温过程消除了母合金的热历史所致。

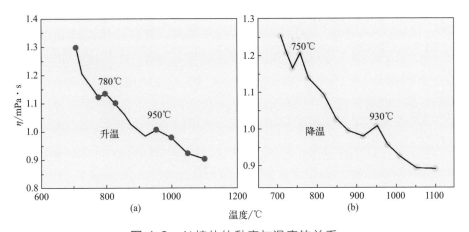

图 4.2　Al 熔体的黏度与温度的关系
（a）加热时 Al 熔体的黏度随温度的变化曲线；
（b）降温时 Al 熔体的黏度随温度的变化曲线。

为了更加具体地体现黏度在不同温度段的 Arrhenius 关系，将黏度取对数后，并对温度进行适当变形，得到图 4.3。可以看出，其黏度随温度的变化可以用三个 Arrhenius 公式来拟合。

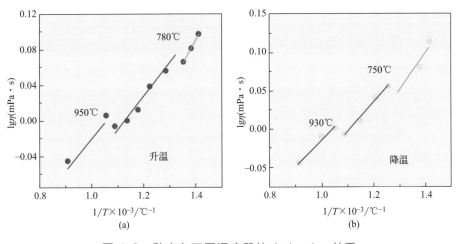

图 4.3　黏度在不同温度段的 Arrhenius 关系
（a）升温时 Al 熔体的 Arrhenius 曲线 $\lg\eta\text{-}1/T\times10^{-3}$；
（b）降温时 Al 熔体的 Arrhenius 曲线 $\lg\eta\text{-}1/T\times10^{-3}$。

王丽等报道了 Sb、In、Sn、Bi 高温金属熔体的黏度，并通过 DSC 扫描结果进行了分析。结果显示在黏度突变点附近，DSC 曲线有明显的放热峰或吸热峰的存在，表明此时高温金属熔体发生了热效应，此热效应是液态相变所致。Arrhenius 曲线不连续点被认为是相变点，相变点把 Arrhenius 曲线分成几个不同的温度区域。在每一个温度区域范围内，公式中与黏度计算有关的系数 $\eta_{0,E}$ 不依赖于温度，只依赖于在某一特定的温度范围内，液体的结构和弥散分布的流体团簇的尺寸。也就是说在黏度突变点前后的 $\eta_{0,E}$ 是不一样的，在没发生黏度突变之前这一温度范围内 $\eta_{0,E}$ 是一样的，不随温度的变化而变化。图 4.4 为 Sb、In、Sn、Bi 高温金属熔体的 Arrhenius 曲线，从图 4.4 可以看出 Sb、In 的黏度突变现象并没有 Sn、Bi 那么明显，并且 Sb、Sn、Bi 只有一个黏度突变点，分别在 670℃、400℃、480℃发生突变，而 In 存在两个黏度突变点，在 620℃、300℃发生突变。

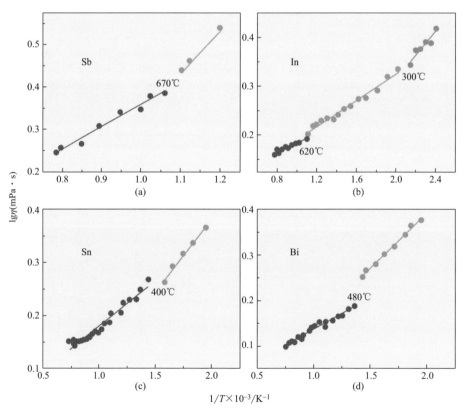

图 4.4 升温时熔体的 Arrhenius 曲线 lgη -1/T × 10^{-3}

（a）Sb；（b）In；（c）Sn；（d）Bi

4.3　大块非晶合金熔体的液液相变

对于二元及以上合金，由于存在不同种类原子之间的相互作用，合金熔体的结构往往要比金属单质熔体结构复杂得多。合金在凝固的过程中除了存在能量起伏和结构起伏外，还存在着成分起伏。多元合金的黏度曲线也体现出多样性。如图 4.5 为 CuNi、CuSb、CuSn 和 CuTe 等 Cu 基合金熔体黏度随温度的变化情况。可以看出四种 Cu 基合金熔体黏度随温度的降低而单调增加，且黏度随温度的变化趋势很好地符合 Arrhenius 公式，即四种 Cu 基合金熔体黏度并不存在明显的黏度突变现象。但对于有些合金来说，液液相变相关的黏度突变则体现得较为明显。下面以大块 CuZr 基非晶合金为例，利用黏度随温度的变化阐述液液相变现象的具体表现和结构本质。

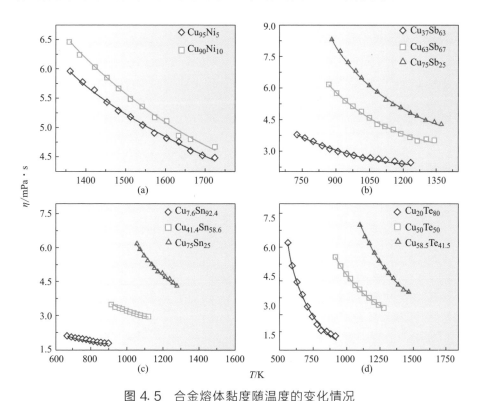

图 4.5　合金熔体黏度随温度的变化情况

（a）CuNi；（b）CuSb；（c）CuSn；（d）CuTe

4.3.1　CuZr 大块非晶合金熔体中的异常黏度下降

图 4.6 为十种 CuZr 二元合金从高于液相线 400K 温度处冷却过程中黏度随温度的变化图，测试原理为旋转振荡法。通常来说，随着温度的降低，不管在金属玻璃形成液体还是非金属玻璃形成液体中，黏度应该呈单调递增趋势，在晶化后迅速为零。然而，在十种 CuZr 二元合金中，均呈现出反常的三阶段现象。这三个阶段分别被标志为相对高温区（HTZ）、异常转变区（AZ）以及相对低温区（LTZ）。所得到的高温和低温区域的实验数据可以分别使用阿伦尼乌斯公式进行拟合。以图 4.6(a) 为例，可以看出 $Cu_{48}Zr_{52}$ 的黏度在相对高温区（1433～1623K）和相对低温区（1303～1393K）均符合正常的阿伦尼乌斯公式。在从高温区到低温区的凝固过程中，η_0 由 1.956mPa·s 降低为 0.867mPa·s，而激活能 ε 从 0.162eV 增大至 0.256eV。从 1433K 开始，黏度出现突变，与相对高温区的阿伦尼乌斯拟合曲线明显背离，之后的 40K 范围内（即 AZ）黏度值发生显著的跌落，直到 1393K 又回归到正常的增长趋势。发生在 1393～1433K 的黏度降低值为 0.24mPa·s，远大于此次黏度测量的误差范围。从图中 4.6 灰色区域（AZ）可以看出，这种明显的不连续的异常黏度降低在十种 CuZr 二元合金中均存在。在这里，将不连续的黏度突变开始的温度定义为液液相变温度 T_{LL}。

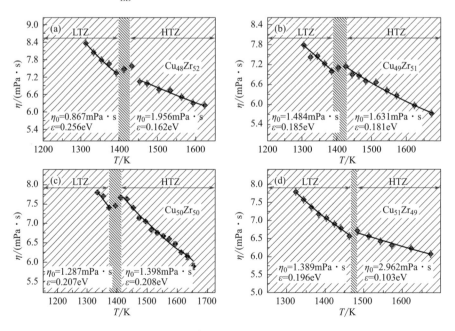

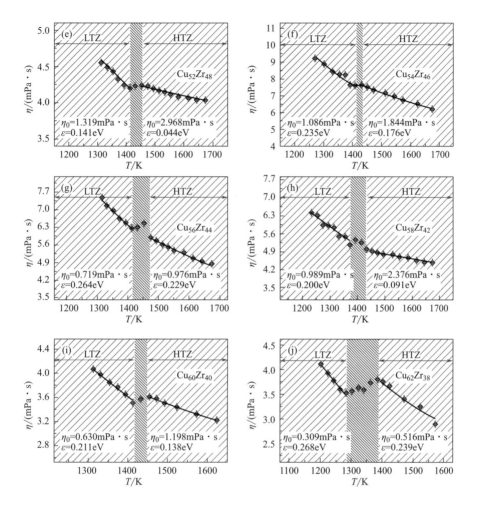

图 4.6　熔体从液相线以上 400K 降温过程中黏度随温度的变化趋势

每幅图中红色、灰色、蓝色区域分别代表相对高温区（HTZ）、异常转变区（AZ）、

相对低温区（LTZ）。HTZ 和 LTZ 区域黑色线为阿伦尼乌斯公式 $\eta = \eta_0 \exp\left(\dfrac{\varepsilon}{kT}\right)$

拟合曲线，η_0 和 ε 为与温度无关的拟合参数

　　图 4.7 为 $Cu_{48}Zr_{52}$、$Cu_{54}Zr_{46}$ 和 $Cu_{60}Zr_{40}$ 三种合金黏度实验之后的表面和剖面图。可以看出实验后样品表面和剖面均呈明显的金属光泽，实验前后盛有样品的坩埚的质量如表 4-1 所示，样品质量变化均小于 0.4%，在误差允许范围内。

$Cu_{48}Zr_{52}$　　　　　$Cu_{54}Zr_{46}$　　　　　$Cu_{60}Zr_{40}$

图 4.7　$Cu_{48}Zr_{52}$、　$Cu_{54}Zr_{46}$ 和 $Cu_{60}Zr_{40}$ 实验后表面和沿轴线方向剖面图

表 4-1　黏度实验前后样品的质量变化

合金	测量前质量/g	测量后质量/g	质量变化/%
$Cu_{48}Zr_{52}$	177.384	177.597	0.120
$Cu_{54}Zr_{46}$	189.631	189.963	0.175
$Cu_{60}Zr_{40}$	185.419	186.023	0.326

图 4.8(a) 比较了 $Cu_{48}Zr_{52}$ 由晶化引起的黏度突降与由 T_{LL} 处液相结构改变引起的黏度突降的区别。实验中，1313K 时黏度为 8.367mPa·s，1293K 时黏度降为 6.377mPa·s，接着由于晶化的影响黏度急速降低至几乎为 0。该阶段的黏度降低很明显要高于 T_{LL} 处的黏度降低值。除此之外，选取 1353K 和 1503K（分别位于相对低温区和相对高温区）做等温黏度测量实验。在所取温度段保温 1h，每隔 5min 测量一次黏度。结果如图 4.8(a) 所示，在某个固定温度，黏度值几乎保持不变，不仅证明了所测黏度为平衡黏度，也进一步证明图 4.6 中明显的黏性动力学转变与母合金熔化之前所经历的热历史无关。

随着 Cu 原子分数的不断增加，黏度突变发生时对应的突变黏度值不同，$Cu_{60}Zr_{40}$ 黏度突变时对应的突变黏度值最小；不同组分下 CuZr 合金发生黏度突变的温度范围不同，且 $Cu_{62}Zr_{38}$ 黏度突变最缓慢（黏度突变在一个很宽的温度范围内完成）。为了直观比较合金熔体异常黏度变化现象

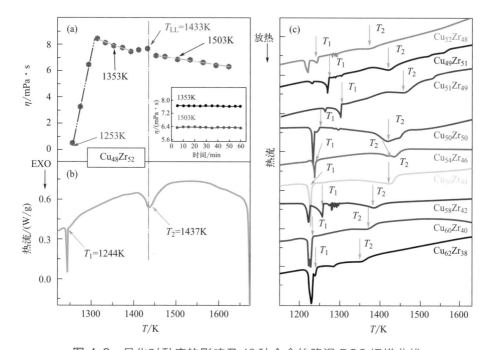

图 4.8　晶化对黏度的影响及 10 种合金的降温 DSC 扫描曲线

（a）晶化对黏度的影响，在 1253～1313K 时由 8.367mPa·s 迅速降至接近于 0。

插图为 1353K 和 1503K 时的等温黏度图；（b）Cu$_{48}$Zr$_{52}$ 从 1673K 处

降温的 DSC 扫描曲线，降温速率为 10K/min；（c）其他 9 个成分的

降温 DSC 扫描曲线，降温速率为 10K/min。

中黏度突变程度的大小，定义一个表征突变程度大小的参数 D_η，其表达式如下：

$$D_\eta = \left(\frac{\eta_s - \eta_e}{\eta_s}\right) \times 100\% \tag{4-1}$$

式中，η_s 为冷却过程中异常黏度变化现象开始的黏度值；η_e 为异常黏度变化结束时的黏度值。表 4-2 列出了 11 种 CuZr 合金 D_η 值。通过表 4-2，我们可以看出 Cu$_{100}$Zr$_x$（$x=38$，42，44，50，54.3）的 $D_\eta>3$，比其他成分的 D_η 值要大。这些具有大 D_η 值的成分恰恰位于 CuZr 二元合金相图的共晶点或金属间化合物成分附近，其中 Cu$_{62}$Zr$_{38}$ 和 Cu$_{45.7}$Zr$_{54.3}$ 这两个共晶点具有最大的 D_η 值（分别为 7.1502 和 6.4189），这也意味着 CuZr 合金熔体异常黏度变化现象与其相图存在着某种依赖性。

表 4-2　参数 η_S、η_e 及其黏度突变程度 D_η

合金	η_S/(mPa·s)	η_E/(mPa·s)	D_η/%
$Cu_{62}Zr_{38}$	3.7957	3.5243	7.1502
$Cu_{60}Zr_{40}$	3.6325	3.5274	2.8933
$Cu_{58}Zr_{42}$	5.3730	5.1819	3.5567
$Cu_{56}Zr_{44}$	6.4598	6.2521	3.2153
$Cu_{54}Zr_{46}$	7.6893	7.5480	1.8376
$Cu_{52}Zr_{48}$	4.2500	4.2000	1.1765
$Cu_{51}Zr_{49}$	6.7204	6.5660	2.2975
$Cu_{50}Zr_{50}$	7.6774	7.3956	3.6705
$Cu_{49}Zr_{51}$	7.1319	6.9961	1.9041
$Cu_{48}Zr_{52}$	7.5518	7.3440	2.7517
$Cu_{45.7}Zr_{54.3}$	6.9887	6.5401	6.4189

4.3.2　CuZr 二元合金的热力学行为

图 4.8(b) 和 (c) 显示了所选取成分从 1673K 开始以 $10K \cdot min^{-1}$ 速率降温的 DSC 扫描曲线，其中图 4.8(b) 为 $Cu_{48}Zr_{52}$ 的降温曲线。从图 4.8(b) 中可以明显看出来存在两个放热峰。粉色箭头处尖而窄的放热峰与冷却过程中的晶化行为有关，其开始温度 $T_1 = 1244K$ 近似等于液相线温度 $T_{liq} = 1228K$（升温 DSC 曲线上吸热峰结束的温度为液相线温度 T_{liq}）。与之相对应的是，高于 T_1 约 190K 处出现了由绿色箭头所指的较宽的放热峰。该峰的温度 $T_2 = 1437K$ 与异常黏度转变的温度 $T_{LL} = 1433K$ 非常接近（图中蓝色点划线所示），这一结果表明，DSC 曲线上较宽的放热峰为黏度异常动力学转变的热力学响应。从图 4.8(c) 可以看出，所有成分的合金除了在 $1200 \sim 1300K$ 之间有一个尖而窄的放热峰之外，在 $1350 \sim 1450K$ 之间均存在一个较宽的放热峰（绿色箭头所示）。

为了更好地看出黏性动力学与热力学之间的响应关系，我们将 DSC 和黏度测量中的特征温度统计如表 4-3 所示。

表 4-3 可以更好地体现熔体动力学与热力学之间的对应关系。可以看出，所有成分的 T_1 值均接近（稍稍超过）于液相线温度 T_{liq}，这表明在相对较低的温度区间内出现的峰为熔体凝固过程中的晶化峰。而在远高于 T_{liq}

表 4-3 由黏度和 DSC 实验得到的相变特征温度

成分	$Cu_{48}Zr_{52}$	$Cu_{49}Zr_{51}$	$Cu_{50}Zr_{50}$	$Cu_{51}Zr_{49}$	$Cu_{52}Zr_{48}$
T_{liq}/K	1228	1225	1229	1218	1223
T_1/K	1244	1277	1242	1305	1253
T_2/K	1437	1432	1430	1463	1390
T_{LL}/K	1433	1423	1433	1483	1453
成分	$Cu_{54}Zr_{46}$	$Cu_{56}Zr_{44}$	$Cu_{58}Zr_{42}$	$Cu_{60}Zr_{40}$	$Cu_{62}Zr_{38}$
T_{liq}/K	1220	1225	1229	1195	1193
T_1/K	1248	1235	1268	1229	1227
T_2/K	1435	1428	1403	1404	1358
T_{LL}/K	1433	1473	1433	1453	1383

注：T_1 为晶化初始温度，T_2 为较宽峰的温度，T_{liq} 为液相线温度，T_{LL} 为黏度异常转变温度。

和 T_1 的位置，T_2 值也十分接近 T_{LL}，这意味着在异常转变区出现的动力学异常现象是 CuZr 二元合金的内在性质。图 4.6 中出现的有黏度异常的结构转变具有放热效应。由于 CuZr 二元合金的组成元素具有负混合焓，并且不存在不溶间隙，这种温度诱导的异常动力学不能归结于液相分离现象。

4.3.3 CuZr 合金发生液液相变的成分范围

图 4.9 为 $(Cu_{50}Zr_{50})_{100-x}Al_x$ 合金（$x=0$，4，8，12，16，20）熔体黏度随温度变化情况。可以看出当 Al 含量小于 12% 时，黏度随温度变化呈现出明显的三阶段变化趋势，并且随着 Al 含量的增加，阶段 Ⅱ 的温度逐渐增加。首先在阶段 Ⅰ，黏度随着温度的降低而增加；随后在阶段 Ⅱ，黏度存在一个异常降低的温度区间，在此温度区间内黏度随着温度降低而降低；最后在阶段 Ⅲ，黏度再一次随温度降低而增加。当 Al 含量增加到 16% 时，阶段 Ⅱ 变得非常不明显，黏度在此阶段只出现略微的下降，如图 4.9(e) 所示。当 Al 含量增加到 20% 时，阶段 Ⅱ 消失，异常黏度变化也消失，如图 4.9(f) 所示。图 4.9 中阶段 Ⅱ 随 Al 含量演变规律表明：Al 含量对异常黏度变化起着重要的稀释作用，Cu 和 Zr 之间的相互作用可能是异常黏度变化现象阶段 Ⅱ 存在的根本原因。

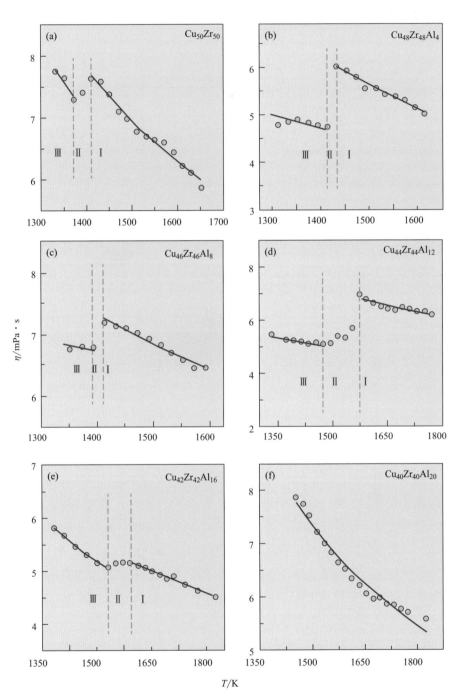

图 4.9 （Cu₅₀Zr₅₀）₁₀₀₋ₓAlₓ（x= 0，4，8，12，16，20）熔体黏度随温度变化规律
图中绿色虚线为三阶段的分界线

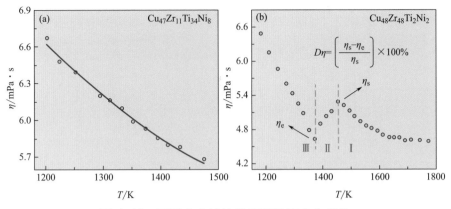

图 4.10　不同合金熔体黏度随温度变化趋势

（a）$Cu_{47}Zr_{11}Ti_{34}Ni_8$；（b）$Cu_{48}Zr_{48}Ti_2Ni_2$

图 4.10 为不同成分配比条件下 CuZrTiNi 四元合金熔体黏度随温度变化的情况。对于 $Cu_{47}Zr_{11}Ti_{34}Ni_8$ 而言，黏度在整个温度范围内单调变化，且黏度随温度降低而单调增加的趋势能很好地符合 Arrhenius 公式（图中红色实线所示）；而对于 $Cu_{48}Zr_{48}Ti_2Ni_2$ 而言，黏度随温度的变化呈现出明显的三阶段变化趋势。通过对比图 4.10(a) 和（b）发现，当 Ti 和 Ni 含量比较少时存在异常黏度变化现象，而当 Ti 和 Ni 含量掺杂比较多时不存在异常黏度变化现象。这与在图 4.10 中发现的结果一致，图 4.10 进一步验证了这种异常动力学行为与 Cu、Zr 原子之间相互作用的潜在相关性。从图 4.9 和图 4.10 可以得出，在 CuZr 基合金熔体中，只有添加少量掺杂元素时才会发生异常黏度变化现象，而当掺杂元素的含量足够大时，异常黏度变化现象将会被抑制。

图 4.11 为 14 种 CuZr 合金熔体以 20K/min 的冷却速率从 1673K 降温至 1073K 的 DSC 降温曲线，其中红色箭头在曲线上标出的位置为 T_{liq}，黑色圆圈在曲线上圈出的放热峰为表征异常黏度变化现象的放热峰。从图 4.11 可以看出，当 Zr 含量小于 21.3% 时，在 T_{liq} 以上的 DSC 降温曲线上，没有放热峰的存在；当 Zr 含量达到 27.3% 时，在冷却过程中在第一个结晶峰之前出现肩峰；当 Zr 含量从 27.3% 增加到 66.7% 时（两个蓝色箭头之间的区域），这个肩峰逐渐演变成宽的放热峰。肩峰的演变结果表明，随着 Zr 含量的增加，肩峰可以被视为异常黏度变化现象起始点。当 Zr 含量进一步增加超过 70%，该宽的放热峰突然消失。根据图 4.11 中的结果，图 4.12 在

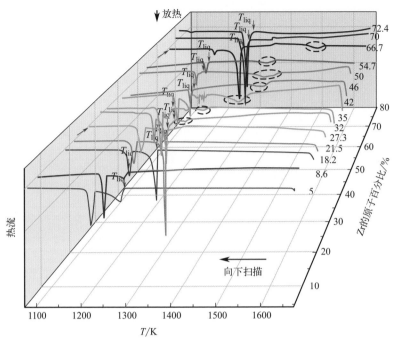

图 4.11　CuZr 合金熔体以 20K/min 的冷却速率从 1673K
降温至 1073K 的 DSC 曲线

CuZr 二元合金相图中描绘了在 T_{liq} 以上的 DSC 降温曲线上存在放热峰的成
分范围（如图 4.12 淡黄色区域所示）以及不存在放热峰的成分范围（如图
4.12 淡蓝色区域所示）。从图 4.12 中可以清楚地看到，在所有的 CuZr 合金
熔体中，富 Cu（Cu 含量大于 72.7%）以及富 Zr（Zr 含量大于 66.7%）端
在冷却过程中均不存在异常黏度变化现象，异常黏度变化现象或 T_{liq} 以上
DSC 降温曲线上放热峰仅仅存在于相图中间位置。值得注意的是存在异常黏
度变化现象的 CuZr 合金成分范围（27.3%Zr～66.7%Zr）与形成块体非晶
的 CuZr 合金成分范围（30%Zr～70%Zr）非常接近，这表明这种动力学异
常行为所对应的液液相变过程有助于冷却过程中玻璃的形成。

4.3.4　CuZr 异常黏度变化现象的微观解释

由于异常黏度变化现象涉及的动力学、热力学行为极其复杂，仅仅从实
验方面很难直接揭示其微观机制，因此采用结合分子动力学模拟的手段来分
析其原因。之前的模拟工作表明，CuZr 合金熔体冷却过程中的异常黏度变
化与熔体中二十面体含量的突然增加有关，但是二十面体含量随温度的增加

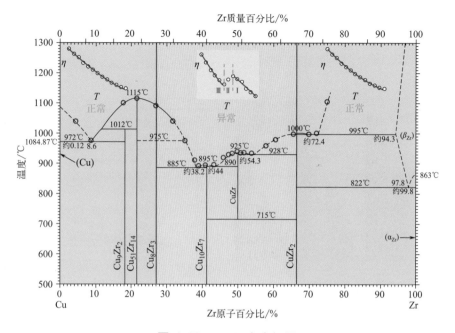

图 4.12 CuZr 合金相图

其中淡黄色区域和淡蓝色区域分别为存在异常黏度变化现象的区域和正黏度变化区域，
插图为相应的黏度变化形式示意图，在确定 CuZr 合金熔体异常黏度变化现象的成分
范围时，蓝色圆圈表示 CuZr 合金成分是通过 DSC 确定的结果，而红色圆圈所示的
CuZr 合金成分是直接通过黏度确定的结果

并不能很好解释黏度三阶段的变化趋势。本节选择黏度突变程度最大的
$Cu_{62}Zr_{38}$ 为研究对象，通过系统分析熔体中 Voronoi 多面体随温度的演变规
律来研究 CuZr 合金熔体异常动力学行为的原因。图 4.13（a）所示为 CuZr
合金熔体十种典型 Voronoi 多面体含量随温度变化的分布情况，并借助式（4-
2）计算了这些 Voronoi 多面体团簇的脆性，如图 4.13（b）所示。

$$M_c = \left| \frac{F/F_{1800}}{T/T_{1800}} \right| \qquad (4.2)$$

式中，F_{1800} 为不同 Voronoi 多面体在 1800K 时所占的分数。与液体脆
性的概念类似，团簇的脆性体现的是熔体在冷却过程中团簇随温度变化的难
易程度。在相同的温度范围内，团簇含量变化越大，团簇越脆。从图 4.13
（b）中我们可以看出，有四种典型的 Voronoi 多面体团簇呈现出较大的脆性
值，它们分别是理想二十面体团簇<0,0,12,0>和缺陷二十面体团簇<0,2,
8,2><0,2,8,1>和<0,1,10,2>（这里我们将这四种 Voronoi 多面体团簇

统称为脆性类二十面体团簇）。四种脆性类二十面体团簇对温度的变化最为敏感，当温度降至 1200K 时，这四种脆性类二十面体团簇所占比例超过8％，如图 4.13（a）所示。

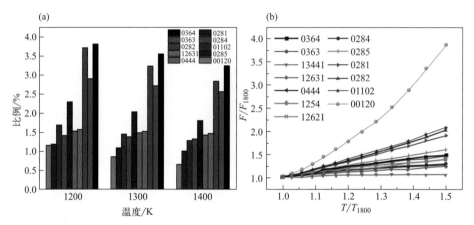

图 4.13　（a）主要 Voronoi 多面体在冷却过程中的所占分数变化和（b）主要 Voronoi 多面体团簇约化比例的变化趋势图

中程序在决定玻璃形成液体动力学方面起着至关重要的作用。类二十面体团簇可以被视为一个节点，并且通过共享最近邻的原子，可以将 k 定义为中心类二十面体团簇与相邻的类二十面体团簇连接的数量。图 4.14 所示为类二十面体团簇的概率分布函数 $P(k)$。一般而言，随着温度的降低，k 值较大的类二十面体团簇含量将稳定增加，而 k 值较小的类二十面体团簇含量将显著降低。从图 4.14（a）可以看出，当温度从 1800K 降到 1600K 时，类二十面体团簇的概率分布函数与预期一样。然而，在 1400K 时存在一种异常现象，即 $k(k=0\sim1)$ 的概率大于 1600K 时 $k(k=0\sim1)$ 的概率。低于1400K 时，k 的占比分布情况又转变为正常变化趋势。从图 4.14（a）中插图可以进一步看出，在 1600K 时 $P(k=0)$ 为 0.33426，而 1400K 时 $P(k=0)$为 0.36507。$k=0$ 意味着熔体中类二十面体团簇独立存在，不与其他任何类二十面体团簇相关联。大的 $P(k=0\sim1)$ 和小的 $P(k>1)$ 分布倾向意味着，当熔体温度接近 1400K 时，类二十面体团簇之间的相互作用降低，类二十面体团簇更倾向于独立或分散分布。但是这些类二十面体团簇在 1400K 时的过度活跃行为不会持续很长的时间，所以图 4.14（a）所描绘出只是一种亚稳状态。随着弛豫时间的增加（大于 2ps），这种异常现象将会消失。相同的模拟结果同样在 $Cu_{50}Zr_{50}$ 也被发现，如此短的存在时间可能归因于诸如尺寸效应、冷却速率等模拟条件的限制。

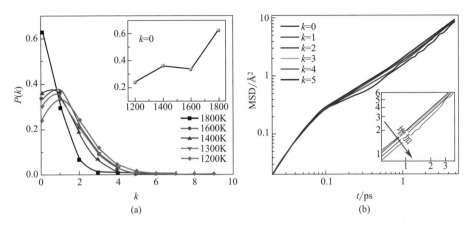

图 4.14　CuZr 合金熔体异常黏度变化现象的根源主要归因于脆性类
二十面体团簇在 1400K 时的过度活跃行为

（a）在弛豫过程中的前 2ps 内，不同温度下的类二十面体团簇的 $P(k)$ 分布情况，其中
插图为不同温度下 $k=0$ 时的分布；（b）1400K 时具有不同 k 值的类二十面体团簇
均方位移与时间的函数关系，插图为 1～3ps 内均方位移的详细分布情况，
蓝色箭头所指方向表示 k 值增加；MSD 为均方位移

为了更深入地了解在 1400K 下具有不同 k 值的类二十面体团簇之间的动
力学差异，我们分别计算了具有不同 k 值的脆性类二十面体团簇的均方位移
（MSD），

$$\langle \Delta r^2(t) \rangle = \frac{1}{N_k} \sum_{i=1}^{N_k} \langle [\overrightarrow{r_i}(t) - \overrightarrow{r_i}(0)]^2 \rangle \tag{4.3}$$

式中，N_k 表示具有相同 k 值的原子数；$\overrightarrow{r_i}(t)$ 为原子 i 在时间 t 的位置。
图 4.14(b) 为 1400K 时具有不同 k 值的类二十面体团簇均方位移与时间的
函数关系。由图 4.14(b) 可以看出在弹射区内（$t<100fs$），具有不同 k 值
的类二十面体团簇均方位移几乎没有差异；而在弹射区外大 k 值的类二十面
体团簇相比于其他类二十面体团簇有更低的迁移率（蓝色箭头所示）。1400K
时，大量小 k 值的类二十面体团簇存在，意味着原子此时比 1600K 时拥有更
大的迁移率，熔体更易流动，体现在黏度上表现出黏度降低，这与 CuZr 合
金的实验现象吻合（异常黏度降低的温度范围正好在 1400K 左右）。图 4.14
很好地揭示了 CuZr 合金熔体异常黏度变化现象的根源主要归因于脆性类二
十面体团簇在 1400K 时的过度活跃行为。

通过计算最近邻相关指数 C_{ij} 来分析多面体的中心原子 i 和 j 之间的空间相关性，

$$C_{ij} = p_{ij}/p_{ij}^0 - 1 \qquad (4.4)$$

式中，p_{ij} 和 p_{ij}^0 分别是在结构模型和具有随机无规则团簇分布的结构中 i 和 j 多面体类型的概率。正的 C_{ij} 值表示多面体 i 和 j 之间相关性强，负的 C_{ij} 值则表示 i 和 j 负相关。图 4.15(a) 所示为 1400K 温度下 11 种团簇 C_{ij} 的相关矩阵，从图 4.15(a) 中可以看出，仅有<0,0,12,0>和<0,1,10,2>团簇 C_{ij} 值为正值，且<0,0,12,0>的 C_{ij} 值明显大于<0,1,10,2>。说明除<0,0,12,0>和<0,1,10,2>团簇外的所有团簇对其他任何团簇都具有较强的排斥作用，且<0,1,10,2>与自己结合趋势较弱，而<0,0,12,0>与自己结合的趋势较强。这意味<0,0,12,0>倾向于与富五边形的多面体结合。尽管理想的二十面体<0,0,12,0>的脆性最强，但其所占分数仍远低于其他三个缺陷二十面所占分数之和，从图 4.15(b) 可以算出 1400K 时三种缺陷二十面体所占分数之和是理想二十面体所占分数的七倍还要多。图 4.15 表明，1400K 时缺陷二十面体在熔体中占大多数，它们之间的相互排斥作用在熔体中起主导作用。这很好地解释了图 4.14(a) 异常现象。当温度从 1800K 降到 1600K 时，脆性类二十面体团簇的数量将急剧增加，当它们的比例增加到一定程度时，它们之间的互斥作用将占主导地位，导致小 k 值较小的团簇分布更加分散。

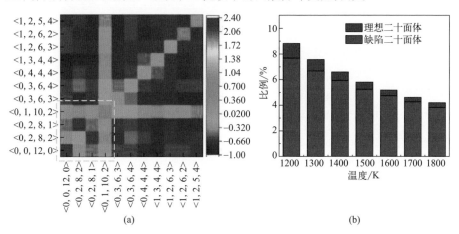

图 4.15　（a）1400K 时 $Cu_{62}Zr_{38}$ 中团簇的空间相关指数 C_{ij} 矩阵图
及（b）理想二十面体

（<0,0,12,0>）和缺陷二十面体（<0,2,8,2><0,2,8,1>和

<0,1,10,2>）所占分数随降温过程变化情况

熔体中弛豫时间随温度变化的非阿伦尼乌斯转折现象是玻璃形成液体中非常重要的现象，发生非阿伦尼乌斯转折的温度定义为 T_A 温度，T_A 通常被认为是协同运动开始的温度（参见第 3 章）。从图 4.16 可以看出随着温度的降低，τ_α 逐渐偏离 Arrhenius 拟合曲线，并通过此方法得到的整个体系的 T_A 值约为 1200K，而四种脆性类二十面体团簇的 $T_{A,ico}$ 值约为 1300K（$T_{A,ico}$ 表示熔体在降温过程中类二十面体团簇动力学行为转折温度）。可以看出 $T_{A,ico}$ 值明显大于 T_A 值，这意味着在降温过程中类二十面体团簇协同运动现象要比整个体系协同运动现象出现得早。同时，$T_{A,ico}$ 温度与异常黏度变化的第 III 阶段开始的温度吻合。

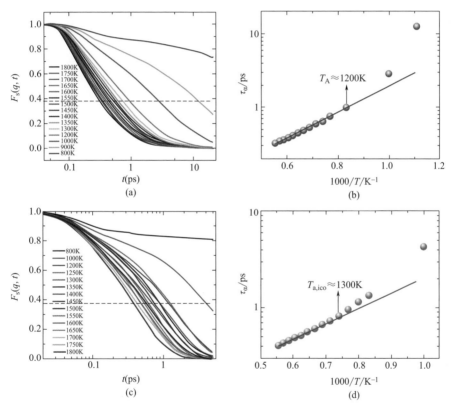

图 4.16　（a）所有原子、（c）类二十面体团簇不同温度下的自中间散射函数及
　　　　　（b）所有原子、（d）类二十面体团簇不同温度下的弛豫时间

（a）（c）中虚线表示 $F_s(q, t) = 1/e$；（b）（d）中实线表示 Arrhenius 拟合曲线

图 4.17 所示为四种脆性类二十面体和整个体系在不同温度下的 MSD，从插图中可以看出，与 1600K 以上和 1300K 以下的变化趋势相比，MSD 在

1400K 时存在明显的降低现象。除此之外，由类二十面体交叉共享得到了类 $Cu_{10}Zr_7$ 团簇结构，如图 4.17(b) 所示。通过图 4.12 CuZr 合金相图，我们发现类 $Cu_{10}Zr_7$ 团簇最有可能存在于 $Cu_{62}Zr_{38}$ 合金熔体中。考虑到类 $Cu_{10}Zr_7$ 团簇迁移率低于整个体系，所以类 $Cu_{10}Zr_7$ 团簇含量的增加势必会降低整个体系的扩散能力。根据图 4.15 和图 4.17，异常黏度变化现象阶段Ⅲ黏度的再次增加主要归因于类二十面体团簇在 $T_{A,ico}$ 的突然聚集以及由类二十面体团簇通过交叉共享得到的类 $Cu_{10}Zr_7$ 团簇的出现。

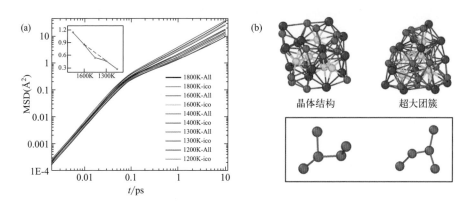

图 4.17　（a）类二十面体团簇与整个体系的 MSD 的比较和（b）由类二十面体的团簇构建的类 $Cu_{10}Zr_7$ 超大团簇和 $Cu_{10}Zr_7$ 理想晶体结构示例

（a）中插图所示为不同温度下弛豫时间为 3ps 它们之间的差异变化；蓝色边框中的网状结构的节点分别表示上述结构的中心原子。

　　图 4.18 是基于 $Cu_{62}Zr_{38}$ 的模拟结果，以脆性类二十面体团簇和类 $Cu_{10}Zr_7$ 团簇随温度的演变规律为基础描绘的 CuZr 异常黏度变化现象的示意图。如图 4.18 所示，阶段Ⅰ类二十面体团簇含量较少，且类二十面体团簇因具有较高能量而倾向于以独立的方式存在。由于系统处于相对活跃状态，因此体系的黏度比较小，此时随着温度的降低，类二十面体含量逐渐增加并开始连接，导致黏度值逐步提高。在阶段Ⅱ，虽然类二十面体含量进一步增加，但类二十面体的连接度显著降低，类二十面体团簇开始变得分散。大量的独立类二十面团簇存在使整个体系变得活跃起来，并使黏度随着温度的降低出现不增反降的现象。这种异常现象会持续到 T_A 温度，直到类二十面体团簇开始出现协同运动为止。阶段Ⅲ开始出现类 $Cu_{10}Zr_7$ 团簇，类 $Cu_{10}Zr_7$ 团簇出现以及类二十面体团簇协同运动现象会显著降低体系的扩散能力，从而导致体系黏度随温度降低进一步增加。总而言之，异常黏度变化

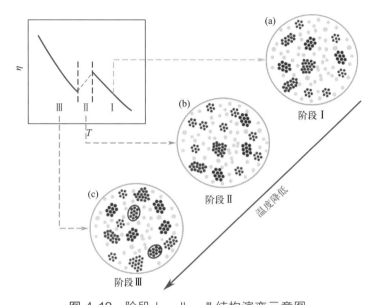

图 4.18　阶段Ⅰ、Ⅱ、Ⅲ结构演变示意图

其中红色和蓝色区域分别代表类二十面体和类 $Cu_{10}Zr_7$ 团簇，灰色区域代表

自由原子或其他有序结构。蓝色圆圈内的团簇为 $Cu_{10}Zr_7$ 该团簇由类

二十面体团簇通过交叉共享（IS）组成

现象主要归因于 CuZr 合金熔体中脆性类二十面体团簇随温度独特的演变规律。值得提出的是，之前对 CuZr 非晶合金形成液体的模拟研究，着重于占比含量较高的 Voronoi 多面体。然而我们这项工作表明，占比含量不是很多的 Voronoi 多面体在决定液体动力学性质方面仍扮演着重要角色。如图 4.13 所示，<0,2,8,2><0,2,8,1>和<0,1,10,2>缺陷二十面体含量虽然不多，但是它们对温度表现出较大的敏感性，即增长速率要远高于其他 Voronoi 多面体。

　　前面已经指出存在异常黏度变化的 CuZr 合金成分范围（27.3％Zr～66.7％Zr）与形成块体非晶的 CuZr 合金成分范围（30％Zr～70％Zr）非常接近。众所周知，二十面体团簇的演变规律对 CuZr 二元合金的玻璃形成能力具有显著影响，而本工作发现四种典型的类二十面体团簇对解释 CuZr 熔体异常动力学行为同样起着关键作用。相同的结构起源可以很好地解释为什么存在异常黏度变化现象的 CuZr 合金成分范围与形成块体非晶的 CuZr 合金成分范围非常接近。可以设想一下，如果 CuZr 合金熔体经历了类二十面体团簇分离分散过程，而不是持续地增长形核过程，那么在相同的冷速下，

CuZr 合金熔体将更倾向于保持非晶态。在连续降温过程中黏度出现随温度降低而下降的现象，实际上是阻碍了团簇向晶核的演变。

4.4 边缘合金熔体的液液相变

根据玻璃形成能力的大小，通常将 Fe 基、铝基等合金归类为边缘合金。这类合金通常具有较差的玻璃形成能力，很难获得厚度为 1mm 以上的块体非晶。目前，铁基金属玻璃条带已经作为变压器铁芯而广泛应用。此外，它还是制作磁传感器、电磁表等的理想软磁材料。然而，铁基金属玻璃相对较差的玻璃形成能力限制了铁基大块金属玻璃的发展，使得铁基金属玻璃的应用局限于玻璃条带和粉末状态。为了提高铁基金属玻璃的尺寸，大量的研究集中于成分开发或玻璃固体性能研究，但是仍然没有找到铁基金属玻璃形成能力差的根源。已有研究表明，铁基金属玻璃固体的电学性能、软磁性能、热稳定性以及力学性能均依赖于其快冷前的液体状态。

目前，相对于铁基金属玻璃固体性能的研究而言，铁基金属玻璃高温熔体的研究仍然较少。Sidorov 等人曾研究过 Fe-B 和 Fe-Co-B 熔体在升温及后续的降温过程中的黏度、表面张力和磁导率随温度的变化，并探索了原始熔体状态对玻璃条带电阻率、晶化动力学和磁学性能的影响。Lad′yanov 等人通过探索 Co-(Cr，Fe)-Si-B 和 Fe-B-Si 高温熔体黏度随温度和时间的变化，发现了相同温度点下的高温熔体黏度在升温和降温过程中的巨大差别，即黏度滞后现象。此外，对（$Fe_{71.2}B_{24}Y_{4.8}$）$_{96}Nb_4$ 大块金属玻璃的研究发现，当熔体温度为 1615～1650K 时，快速冷却得到的玻璃固体具有该体系最低的居里温度和最强的因瓦效应。这些研究都说明了铁基金属玻璃复杂的动力学行为及其对控制玻璃固体性能的重要影响。下面介绍几种典型的铁基非晶合金熔体的动力学行为特点及背后的液液相变现象。

4.4.1 Fe-Si-B-Nb 和 Fe-Cu-Si-B-Nb 金属玻璃熔体的动力学行为

将（$Fe_{75}B_{15}Si_{10}$）$_{100-x}Nb_x$（$x=0$，1，2，4）系列合金确定为 A 系列，并分别命名为 A1、A2、A3、A4，$Fe_{72-x}Cu_xB_{20}Si_4Nb_4$（$x=0$，0.2，0.6）系列合金确定为 B 系列，分别命名为 B1、B2、B3。图 4.19 为 A1、A2、A3、

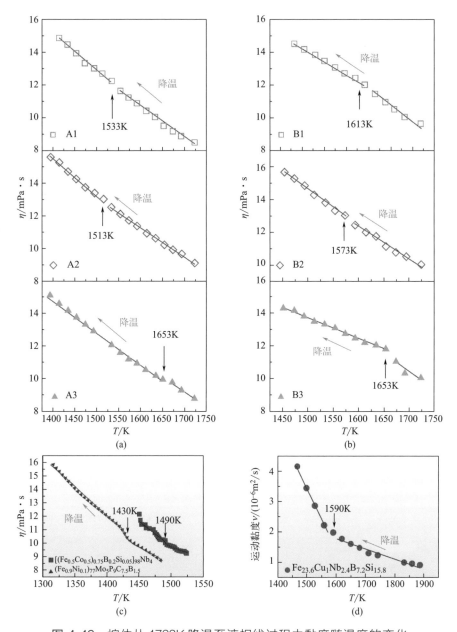

图 4.19　熔体从 1723K 降温至液相线过程中黏度随温度的变化

（a）（Fe$_{75}$B$_{15}$Si$_{10}$）$_{100-x}$Nb$_x$（$x=0$，1，2，4）A 系列合金熔体；（b）Fe$_{72-x}$Cu$_x$B$_{20}$Si$_4$Nb$_4$

（$x=0$，0.2，0.6）B 系列合金熔体；（c）［（Fe$_{0.5}$Co$_{0.5}$）$_{0.75}$B$_{0.2}$Si$_{0.05}$］$_{96}$Nb$_4$ 和

（Fe$_{0.9}$Ni$_{0.1}$）$_{77}$Mo$_5$P$_9$C$_{7.5}$B$_{1.5}$；（d）Fe$_{73.6}$Cu$_1$Nb$_{2.4}$B$_{7.2}$Si$_{15.8}$

黑色的箭头指向铁基熔体动力学交叉温度 T_c

B1、B2 和 B3 熔体的黏度随温度从 1723K 降温至凝固的变化。在此温度范围内测得的铁基合金熔体的黏度值都小于 16mPa·s，与 $Fe_{74}Mo_4P_{10}C_{7.5}B_{2.5}Si_2$ 和 $(Fe_{0.9}Ni_{0.1})_{77}Mo_5P_9C_{7.5}B_{1.5}$ 熔体的黏度数值量级一致。从图 4.19(a) 和 (b) 可以看到，每个样品的黏度值均随温度的降低而单调增加。然而，仔细观察可以发现，每个合金熔体的黏度随温度变化过程都有一个轻微转折。图中黑色箭头指向这个转折所对应的温度，即转折温度 T_c。

图 4.20 为 A1 熔体（$Fe_{75}B_{15}Si_{10}$）用两种不同的拟合方式得到的黏度-温度关系图。在图 4.20(a) 中，在 1723K 到液相线的整个温度区间内，熔体的黏度数据用一段阿伦尼乌斯公式曲线进行拟合。可以看出，阿伦尼乌斯公式曲线能够近似拟合铁基熔体的黏度数据，相关系数是 0.991。然而，仔细观察可以发现黏度数据存在一些整体偏差，当温度在 1653～1723K 或 1413～1473K 范围内时，黏度数据均位于拟合曲线的下方，而温度在 1493～1593K 范围内时，黏度数据均位于拟合曲线的上方。观察图 4.20(a) 的插图，对于 A1 熔体而言，其黏度误差已经超出了实验测量误差所能解释的范围（约 2%），尤其是 1533K 温度处的黏度值明显偏离了阿伦尼乌斯拟合曲线。因此，在图 4.20(b) 中，将黏度-温度关系图以 1533K 为界，分为高于 1533K 和低于 1533K 两个温度区域。此处的 1533K 代表按照一段阿伦尼乌斯公式曲线拟合时黏度数据最大程度偏离拟合曲线处所对应的温度。将这一临界温度命名为 T_c。这两个区域被分别命名为高温区（HT zone）和低温区（LT zone），每个区域的黏度数据分别利用阿伦尼乌斯公式曲线进行拟合，如图 4.20(b) 所示。将两种拟

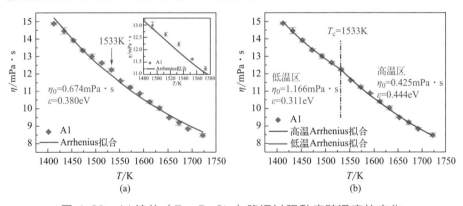

图 4.20 A1 熔体（$Fe_{75}B_{15}Si_{10}$）降温过程黏度随温度的变化

(a) 用一段阿伦尼乌斯公式拟合；(b) 用两段阿伦尼乌斯公式拟合；图中
每个数据点上的橘色短线表示对应黏度数据的误差值

合方法进行比较，发现用两段阿伦尼乌斯公式曲线拟合液相线以上整个温度区间内的黏度数据的方法比用一段阿伦尼乌斯公式曲线拟合具有更高的吻合度，表现为更大的相关因子，其高温区和低温区拟合的相关因子都是 0.997。此外，计算发现，高温区和低温区的拟合参数 η_0 和激活能 ε 也具有很大的差别。低温区拟合得到的参数 η_0 数值为 1.166mPa·s，这几乎比高温区拟合参数 η_0 大两倍。而低温区拟合得到的激活能 ε 为 0.311eV，高温区为 0.444eV。与用一段阿伦尼乌斯公式曲线拟合的方法相比较，两段阿伦尼乌斯公式曲线拟合时高温区与低温区激活能的相对变化率分别为 18% 和 17%。这些对比表明两种拟合方法得到的结果具有很大差别，而且用两段阿伦尼乌斯公式曲线描述铁基金属玻璃熔体液相线以上的动力学行为更加合理。

图 4.21 给出了 B1、B2 和 B3 熔体在降温和第二次降温测量过程中黏度随温度变化趋势的对比。对 B2 熔体来说，第一次降温测量的黏度数据与第二次降温测量的黏度数据具有高度的一致性，说明图 4.19 中显示的 B2 熔体的黏度数据没有受到母合金热历史的影响，而是趋向于一个平衡值。这一点可以通过图 4.21(b) 的插图得到进一步验证，在图中熔体黏度值随保温时间的延长几乎保持不变。对于 B1 熔体和 B3 熔体而言，第一次降温测量的黏度值和第二次降温测量的黏度数值在图 4.21(a) 和 (c) 中灰色区域所示部分吻合得较好。每个图中的两个灰色区域被分别命名为高温区和低温区。也就是说，灰色区域所示的温度范围内黏度数值反映了熔体的动力学平衡黏度。图 4.21(a) 和 (c) 的插图中所示的保温时间-黏度数值的关系支持了这一观点。然而，在两次降温测量过程中，B1 熔体和 B3 熔体的黏度数据分别在 1593～1693K 和 1613～1673K 的中间温度区间具有较大的差别，如图 4.21(a) 和 (c) 中黄色区域所示。

有趣的是，与图 4.22 中的熔体黏度的转折相比，我们可以观察到 B1 熔体、B2 熔体和 B3 熔体在第二次降温测量过程中黏度随温度变化的转折更为明显，转折温度 T_c 分别为 1593K、1593K 和 1613K。B1 熔体和 B3 熔体在第一次降温和第二次降温测量过程中黏度的转折均发生在中间温度区间。这也证明了铁基合金熔体降温过程中的动力学转变是其本质属性。降温过程的动力学异常转变越明显，中间温度区间的黏度数据越容易受到热历史的影响。铁基合金熔体这样的动力学异常转变说明了铁基合金熔体在中间温度区间具有微观结构或团簇的显著变化。通常来说，这种变化被认为是由液相分离或者液液相变（LLT）引起的。对于液相分离而言，合金元素之间的正混

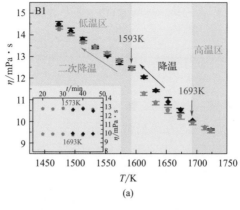

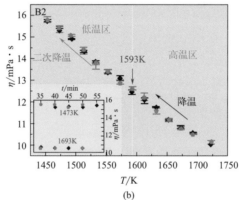

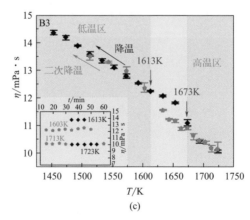

图 4.21　熔体黏度随温度的变化在降温测量及第二次降温测量过程的对比

（a）B1；（b）B2；（c）B3

插图为降温及第二次降温测量时，黏度值在保温过程中随时间的变化

合焓是其发生的必要条件。原因是两元素之间为负混合焓时，二者之间具有强烈的吸引作用，只有两元素之间混合焓为正值时，元素才呈现相互排斥的趋势。经过计算发现 A 系列（FeSiBNb）中元素组成之间并不存在正混合焓，具体的混合焓数值如图 4.22（a）所示。对于 B 系列（FeCuSiBNb）来说，Fe-Cu 之间的混合焓为 +13kJ/mol，Cu-Nb 之间的混合焓为 +3kJ/mol，而其他元素之间的混合焓为负值。根据之前对于相分离的研究可以得知≤0.6 个原子百分含量的铜元素太少，不足以引起整个 FeCuSiBNb 熔体的相分离现象。

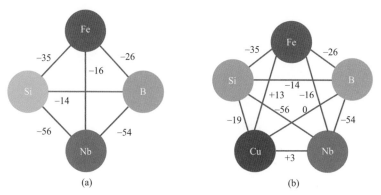

图 4.22　两个系列的混合焓示意图

（a）A 系列；（b）B 系列

图 4.23 给出了 A1、A2 和 A3 熔体第二次升温和第二次降温过程的黏度数据对比。从图 4.23 中的灰色区域可以看出，所有样品第二次升温和第二次降温的黏度数据在高温区和低温区吻合得很好。结合图 4.21 的插图中黏度随温度几乎不变的情况可以得知，在图中灰色区域所示的这些温度区间测得的黏度数据是平衡黏度，没有结构变化或相转变发生。在黄色区域所示的中间温度区间，特别是对于 A2 和 A3 熔体而言，第二次降温的黏度数据与第二次升温的黏度数据具有较大的差别。将图 4.23 与图 4.19（a）中第一次降温的黏度数据对比，可以看到 A1、A2 和 A3 熔体在第二次降温过程中测得黏度数据在中间温度区间的动力学转变更为明显。对于 A1、A2 和 A3 熔体而言，其在第二次降温过程中发生黏度转变的温度分别为 1573K、1513K 和 1613K。同样的，在图 4.21 中，中间温度区间的第一次降温和第二次降温数据也不一致。图 4.23 与图 4.21 中这种黏度数据不重合区域的存在具有类似的含义。这种升温和降温过程中出现的黏度数据的不吻合现象被称为黏

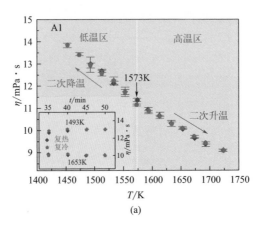

(a)

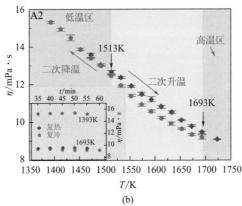

(b)

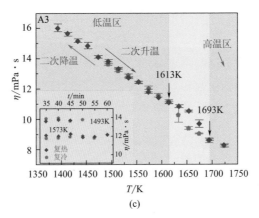

(c)

图 4.23 熔体在液相线至 1723K 温度区间内第二次升温和
第二次降温的黏度数据对比

(a) A1；(b) A2；(c) A3

插图为等温条件下黏度随时间的变化

度滞后，通常伴随着相转变而发生。在图 4.23(b) 和（c）中分别给出了 A2 熔体和 A3 熔体在 1513～1693K 和 1613～1693K 温度区间内明显的黏度滞后现象。图 4.23(a) 所示的 A1 熔体并未发生明显的黏度滞后现象，这个结果与 Bel′tyukov 所观察到的结果一致。Bel′tyukov 测量了 Si 含量从 3% 到 45% 的 Fe-Si 熔体的黏度，发现在升温和降温的整个测量区间内黏度随温度的变化保持一致，即没有黏度的滞后现象。当 Si 元素逐渐被 B 元素取代至 B 元素含量达到 20% 时，黏度数据出现了升温测量和降温测量的不吻合现象，即出现了黏度滞后。图 4.23(a) 所示 A1 样品的 B 含量＜20%，因此没有观测到黏度的滞后现象。从图 4.23(b) 和（c）所示的 A2 熔体和 A3 熔体的黏度滞后现象可以得知，随着 FeSiB 熔体中微量 Nb 元素的增加，黏度滞后现象逐渐变得明显。

4.4.2 含稀土元素的铁基金属玻璃形成液体的动力学行为

图 4.24 给出的是，T_L 温度以上，降温过程中 Fe-B-Y-(Nb) 体系玻璃形成液体黏度随温度的变化曲线。A1 合金是不添加稀土元素的 Fe-B 二元合金，A2 和 A4 合金是在 A1 合金的基础上分别添加了稀土元素 Y，A3 和 A5 合金是分别在 A2 和 A4 合金的基础上分别添加了 Nb 元素。总的来说，随着温度的降低，所有样品的黏度都呈现出增加的趋势，其中 A1 合金（未加稀土）的黏度突变最为明显。因此，在整个温度测量范围内，Al 合金的黏度曲线无法用一个 Arrhenius 方程进行拟合。黏度的不连续变化将整个温度范围分为高温区（HTR）和低温区（LTR）两个不同的区域，我们使用 Arrhenius 方程将 A1 合金的黏度随温度变化关系曲线在 HTR 和 LTR 分别进行拟合。图 4.24 中（f）显示的是不同铁基合金在 HTR 和 LTR 范围内黏度随保温时间的变化曲线。我们发现尽管保温时间不同，黏度值没有发生明显的下降或升高，黏度起伏小于 4%。

在图 4.24 中，当稀土元素 Y 添加到铁基合金中时，动力学转变似乎变得不那么明显了（参见图 4.24 中的 A2～A5）。以 A5 熔体的黏度-温度曲线为例，采用两种拟合方法进行拟合。

图 4.25(a) 显示的是，A5 合金黏度在整个温度范围内由一条 Arrhenius 方程拟合，A5 熔体的黏度数据大致可以由一条 Arrhenius 方程近似拟合，拟合吻合度的相关系数为 0.998。但是，从图 4.25(a) 插图中所示的放大区域（从 1550K 到 1750K）中，我们可以发现拟合曲线与黏度值之间的一些细

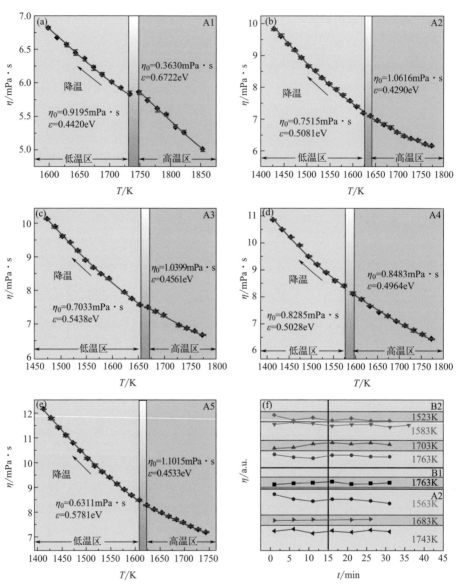

图 4.24 （a）~（e）为 A 系列合金熔体降温过程中黏度随温度的
变化曲线；（f）为黏度随保温时间的变化关系曲线

$Fe_{78}B_{22}$（A1），$Fe_{72}B_{22}Y_6$（A2），$Fe_{72}B_{22}Y_4Nb_2$（A3），

$Fe_{71.2}B_{24}Y_{4.8}$（A4），$(Fe_{71.2}B_{24}Y_{4.8})_{96}Nb_4$（A5）

小偏差。1575K 到 1630K 的数据点低于拟合曲线，而 1700K 到 1750K 温度
范围的数据点却高于拟合曲线，这些有规律的偏差并不是由于黏度测量时造

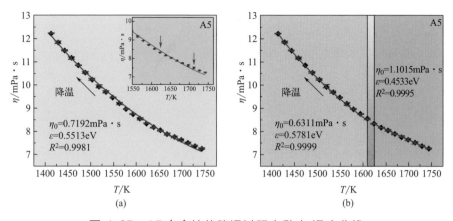

图 4.25　A5 合金熔体降温过程中黏度-温度曲线

利用一条 Arrhenius 方程曲线（a）和两条 Arrhenius 方程曲线（b）进行拟合。（a）中插图：
详细说明从 1550K 到 1750K 以一条 Arrhenius 方程拟合黏度与温度的关系曲线

成的误差。图 4.25(b) 中显示的是分成两个区域后拟合的黏度数据，由拟合相关系数 R^2（$\geqslant 0.9995$）可以看出，通过 Arrhenius 方程对 HTR 和 LTR 分别拟合，黏度曲线均具有更高的精度。以 T_c 温度为界，HTR 和 LTR 之间的拟合参数 η_0 和 ε 存在明显差异，如表 4-4 所示。对于 A5 熔体的降温过程，η_0 从 HTR 中的 1.10mPa・s 降低到 LTR 中的 0.63mPa・s，ε 从 HTR 的 0.45eV 增加至 LTR 的 0.58eV。

表 4-4　所有样品的液相温度（T_L）和转变温度（T_c）

成分	A1	A2	A3	A4	A5	B1	B2	B3
T_L/K	1464	1432	1406	1383	1399	1406	1432	1402
T_c/K	1718	1608	1653	1573	1608	1688	1628	1688

图 4.25 中的比较说明了两种拟合方法之间存在着明显差异，当我们拟合含稀土元素的铁基金属玻璃形成液体的动力学黏度时，用两条 Arrhenius 方程进行拟合似乎更为合理。这意味着在降温过程中熔体的动力学机制可能发生了转变，这与我们先前在 $(Fe_{75}B_{15}Si_{10})_{100-x}Nb_x$ 体系中的研究一致。因此 A2、A3、A4 熔体的黏度曲线也使用了两条 Arrhenius 方程进行拟合，结果列在了表 4-5 中。对于 A4 合金，HTR 和 LTR 中的 η_0 和 ε 几乎相等，表明降温过程没有发生动力学转变。因此，通过两个 Arrhenius 方程的拟合方法不仅可以描述具有动力学转折的合金熔体，而且还可以描述没有动力学转折的合金熔体。对于 T_c 温度的选取如下：以 T_c 为转折点，两个区域中

的拟合参数 R^2 都接近最大值时（R^2 最大为 1），标记转折温度 T_c。但是，对于没有动力学黏度转变的熔体（例如 A4），可以在任意温度下标注 T_c，而且对拟合参数的影响很小。所有样品的 T_c 值都列在了表 4-4 中。

图 4.26 显示了降温过程中多组分 Fe-(Co)-Cr-Mo-C-B-(Y) 熔体的黏度

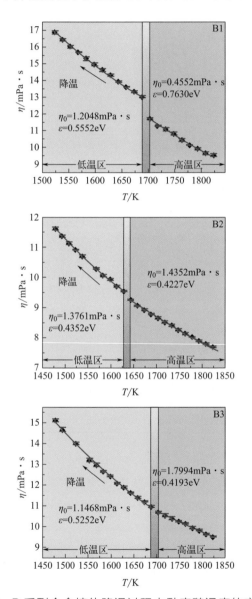

图 4.26　B 系列合金熔体降温过程中黏度随温度的变化曲线

Fe$_{50}$Cr$_{15}$Mo$_{14}$C$_{15}$B$_6$（B1）、Fe$_{48}$Cr$_{15}$Mo$_{14}$C$_{15}$B$_6$Y$_2$（B2）、Fe$_{41}$Co$_7$Cr$_{15}$Mo$_{14}$C$_{15}$B$_6$Y$_2$（B3）

随温度的变化曲线。可以看出，不含（B1）与含（B2 和 B3）稀土元素的铁基玻璃形成液体的黏度曲线都通过两个 Arrhenius 方程拟合。转变温度 T_c 列于表 4-4，拟合参数列在表 4-5。对于 B1 合金，黏度随温度的变化曲线在 T_c 处的突变十分明显，从 HTR 冷却到 LTR 时，η_0 的数值几乎翻倍。随着稀土金属元素的添加，这种转变变得不那么明显。然而，在 T_c 温度以上、以下的拟合参数仍然存在明显区别。

表 4-5　所有样品高温区（HTR）和低温区（LTR）黏度拟合的参数

成分	温度区间/K	η_0/mPa·s	ε/k	ε/eV	拟合误差因子 R^2
A1	1598~1733(LTR)	0.92	3201	0.44	0.999
	1748~1853(HTR)	0.36	4869	0.67	0.993
A2	1428~1608(LTR)	0.75	3680	0.51	0.999
	1623~1773(HTR)	1.06	3107	0.43	0.994
A3	1473~1653(LTR)	0.70	3939	0.54	0.999
	1668~1773(HTR)	1.04	3303	0.46	0.997
A4	1413~1573(LTR)	0.83	3642	0.50	0.996
	1593~1773(HTR)	0.85	3595	0.50	0.999
A5	1413~1608(LTR)	0.63	4071	0.58	0.999
	1623~1743(HTR)	1.10	3452	0.45	0.999
B1	1523~1688(LTR)	1.20	4022	0.56	0.999
	1703~1823(HTR)	0.46	5526	0.76	0.995
B2	1478~1628(LTR)	1.38	3152	0.44	0.999
	1643~1823(HTR)	1.44	3062	0.42	0.999
B3	1478~1688(LTR)	1.15	3804	0.53	0.999
	1703~1823(HTR)	1.80	3037	0.42	0.996

　　图 4.27 给出了四种含稀土元素的铁基非晶合金的黏度变化。可以看出，和上面介绍的规律相同，铁基非晶合金在加入稀土元素后，其动力学转折均明显减弱。

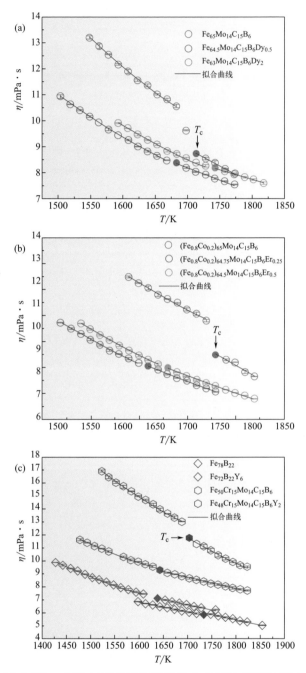

图 4.27 含稀土元素的铁基非晶合金熔体降温过程中
黏度随温度的变化曲线

4.4.3 玻璃形成液体的动力学性质转折与玻璃形成能力关系探究

图 4.28 中比较了降温和再升温过程 $Fe_{71.2}B_{24}Y_{4.8}$（A4）和 $(Fe_{71.2}B_{24}Y_{4.8})_{96}Nb_4$（A5）熔体的黏度，在大约低于 1450K 的温度下，$Fe_{71.2}B_{24}Y_{4.8}$ 和 $(Fe_{71.2}B_{24}Y_{4.8})_{96}Nb_4$ 样品在降温和再升温过程中的黏度值重合。在高于 1650K 以上的温度范围，两条曲线也有重叠的趋势。这一现象可以说明，在所测量的温度范围内，我们所得到的黏度都为平衡状态下熔体的黏度。然而，在中间温度范围内，降温过程黏度曲线和再升温过程黏度曲线之间存在明显的差异（即黏度滞后），再加热过程的黏度值大于降温过程的黏度值。通常，熔体在降温和再升温过程中存在的黏度滞后现象都与熔体中存在的液液相变有关。我们用红色和黑色黏度曲线围成的区域面积表示黏度滞后的程度大小。对于 $Fe_{71.2}B_{24}Y_{4.8}$ 熔体，由于在降温过程中没有动力学黏度的转折，因此降温和再升温过程的这种黏度差异可以忽略不计，T_c 温度附近黏度值的误差可能是由黏度测量引起的。但是对于 $(Fe_{71.2}B_{24}Y_{4.8})_{96}Nb_4$ 熔体，黏度滞后的影响是相当明显的，而且最大差异出现在转变温度 T_c 附近。需要指出的是，在黏度测量过程中坩埚与高温熔体直接接触。当合金熔体在冷却过程中发生结晶时，试样中的液相减少，导致摩擦能的吸收和释放减少。这使得黏度测量过程中振荡的阻尼变得更加困难，即转动速度变化减小。结果，导致我们获得了更小的黏度数据。当进一步冷却，初始晶体的存在有利于形成更多的晶相。因此，在黏度测量过程

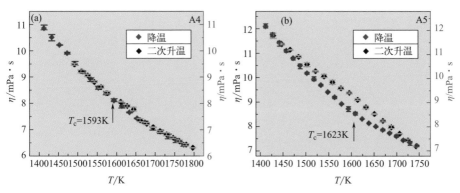

图 4.28 熔体降温过程和再升温过程的黏度随温度变化曲线

（a）$Fe_{71.2}B_{24}Y_{4.8}$（A4）；（b）$(Fe_{71.2}B_{24}Y_{4.8})_{96}Nb_4$（A5）

中，一旦熔体发生结晶，测量到的黏度值会不断下降，最终达到零。因此，图 4.22～图 4.24 中的黏度滞后效应和动态交叉都是由团簇的演变引起的，它与团簇的分裂和重新分布有关。在给定的温度范围内，具有特定类型和大小的团簇可能保持某种热力学平衡状态。当温度升高时（图 4.21 中的1650K 以上），熔体将失去其热力学平衡，然后不可逆地转变为另一种状态，在这状态下，熔体再次达到热力学稳定。这种转变涉及大尺寸团簇的分解和特定团簇构型的形成。这增加了合金熔体的流动性，从而使黏度显著降低。但是，在冷却过程中这些具有优良流动性的团簇在低于 1650K 可以保持其热力学平衡，从而导致在 T_c 温度附近的中间温度范围内出现黏度滞后。

利用前面介绍的两段拟合方法（参考图 4.27），计算出含稀土元素的铁基合金熔体的 F 值（表 4-6）。

表 4-6　从高温区 HTR 到低温区 LTR 液体的过热熔体脆性 M，动力学转变参数 F 以及金属玻璃的最大尺寸 D_{max}

成分	温度区间/K	M	F	D_{max}/mm
$Fe_{78}B_{22}$	1598～1733(LTR)	2.10	1.52	No
	1748～1853(HTR)	3.20		
$Fe_{72}B_{22}Y_6$	1428～1608(LTR)	2.56	0.86	2
	1623～1773(HTR)	2.21		
$Fe_{72}B_{22}Y_4Nb_2$	1473～1653(LTR)	2.69	0.84	4
	1668～1773(HTR)	2.25		
$Fe_{71.2}B_{24}Y_{4.8}$	1413～1573(LTR)	2.58	1.00	1
	1593～1773(HTR)	2.57		
$(Fe_{71.2}B_{24}Y_{4.8})_{96}Nb_4$	1413～1608(LTR)	3.00	0.80	7
	1623～1743(HTR)	2.39		
$Fe_{50}Cr_{15}Mo_{14}C_{15}B_6$	1523～1688(LTR)	2.75	1.37	1.5
	1703～1823(HTR)	3.78		
$Fe_{48}Cr_{15}Mo_{14}C_{15}B_6Y_2$	1478～1628(LTR)	2.21	0.97	3
	1643～1823(HTR)	2.15		
$Fe_{41}Co_7Cr_{15}Mo_{14}C_{15}B_6Y_2$	1478～1688(LTR)	2.78	0.80	16
	1703～1823(HTR)	2.22		

目前为止，关于玻璃形成能力判定的标准有很多。这些标准中使用的参数大多是从玻璃态获得的，例如，Hruby 参数和 Kauzmann 的 $T_g/T_m = 1/3$ 定律。然而，从熔体状态的特征来判断 GFA 的参数很少。通常，较小的过

热熔体脆性 M 对应于液相线温度附近更稳定的结构。之前的研究显示 M 与玻璃形成能力之间存在不同的关系。金属玻璃的最大尺寸 D_{max} 是评估玻璃形成能力的重要参数之一。图 4.29 描述了添加不同稀土元素的金属玻璃的 F 值和 D_{max} 之间的关系。可以看出，计算出的 F 值与 D_{max} 具有普遍的反比关系，F 值大于 1 表示不良的玻璃形成能力，随着稀土含量的增加，F 小于 1，此时其玻璃形成能力增大。F 值和玻璃形成能力之间的负相关与我们先前在 Fe(-Cu)-B-Si-Nb 金属玻璃体系中的发现一致。

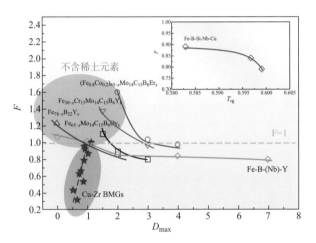

图 4.29　转变强度 F 值与玻璃形成能力（用临界最大尺寸表示）的关系

对于含有稀土元素的 FeB 基非晶形成熔体，关于动力学转变过程的结构特征，尚未有直接的理论解释。利用分子动力学模拟的方法，可以对动力学转变过程的结构变化进行表征。以 $Fe_{78}B_{22}$ 和 $Fe_{72}B_{22}Y_6$ 两个合金为例，图 4.30 所示为两种液态合金在 1800K（HTR 区）时的双体分布函数谱线。作为对比，$Fe_{80}B_{20}$ 液态合金在 1700K 以及 $Fe_{72}Y_6B_{22}$ 液态合金在 1573K（LTR 区）的谱线同样列于图 4.30(a) 中。在 $Fe_{78}B_{22}$ 和 $Fe_{72}B_{22}Y_6$ 两种液态合金中，Fe-Fe 键和 Fe-B 键之间的相互作用力几乎相等 [图 4.30(b)]。在 Fe-B 熔体中，B-B 原子配位大多出现在第二配位壳层 [图 4.30(c)]，且每个 B 原子更倾向于被 Fe 原子包围形成局域结构单元。当加入 Y 元素后，第一配位壳层的 B-B 键得以增强。另外，根据图 4.30(d)，在液态 $Fe_{72}B_{22}Y_6$ 合金中，围绕 Y 原子的三种原子中（Y、Fe、B），Y-B 具有最强的结合力。

根据 Voronoi 多面体指数分析可知，两种液态合金中，在以 B 原子为中心的多面体中，$<0,3,6,0><0,2,8,0><0,3,6,1><0,2,8,1>$ 和 $<0,4,$

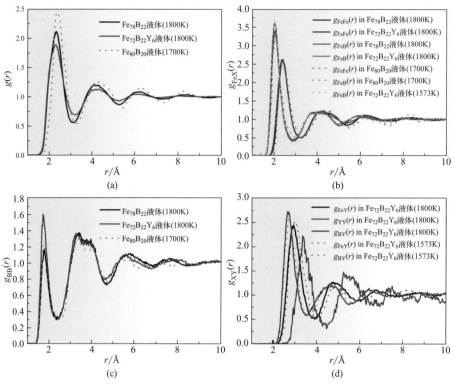

图4.30 （a）$Fe_{78}B_{22}$、$Fe_{72}B_{22}Y_6$ 及 $Fe_{80}B_{20}$ 液态合金双体
分布函数曲线；（b）~（d）$Fe_{78}B_{22}$、$Fe_{72}B_{22}Y_6$ 及 $Fe_{80}B_{20}$
液态合金偏结构因子曲线

4,0>多面体的含量超过了 50%。图 4.31(a) 表明，FeB 基液态合金中<0,3,6,0>多面体占有最多的百分比。在 $Fe_{78}B_{22}$ 液态合金中，<0,3,6,0>多面体含量为 11%，加入 Y 元素后，其含量增至 18%。经分析，$Fe_{72}B_{22}Y_6$ 液态合金的<0,3,6,0>多面体中，有近 90% 含有 Y 元素。两种液态合金中典型的结构模型如图 4.31(a) 所示。

图 4.31(b) 和（c）分别给出了两种液态合金从 1800K（HTR）冷却至 1573K（LTR）的过程中，主要多面体含量的变化趋势。1573K 的数据来源于文献，两组数据采用相同的计算方法。在 $Fe_{78}B_{22}$ 液态合金中，随着温度的降低，<0,3,6,0>多面体及其变体<0,4,4,0>的含量呈现上升的趋势。<0,3,6,0>多面体含量增加了 25%，<0,4,4,0>多面体含量由 1.9% 增加至 2.3%。同时，<0,2,8,1>多面体含量减少了近 23%。<0,2,8,0>和

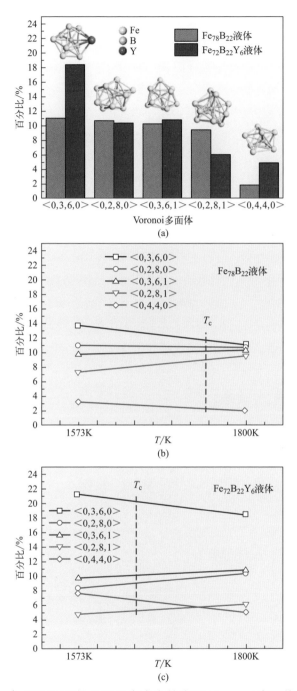

图 4.31 （a）1800K 下以 B 原子为中心的主要 Voronoi 多面体百分比及对
应的团簇模型；（b）Fe$_{78}$B$_{22}$ 熔体中不同温度下 Voronoi 多面体百分比；
（c）Fe$_{72}$B$_{22}$Y$_6$ 熔体中不同温度下 Voronoi 多面体百分比

<0,3,6,1>多面体含量基本不变。在 $Fe_{72}B_{22}Y_6$ 液态合金中，随着温度由 1800K 降低至 1573K，<0,3,6,0>多面体及其变体的含量同样具有较明显的增加。然而，另外几种多面体含量同时下降。结果表明，对于 FeB 基液态合金（不论其是否含有稀土元素），其动力学转变与<0,3,6,0>多面体含量密切相关，其他多面体含量对动力学转变的影响可以忽略。

通过以上分析，我们将 FeB 基非晶形成液体中，稀土元素在其动力学转变中的作用总结如图 4.32。当合金中不包含稀土元素时，FeB 基液体在冷却过程中表现出明显的动力学转变现象，并且转变因子 F 大于 1。这一动力学转变过程是形成类晶团簇还是短程序团簇之间的竞争。类晶团簇主要由类四方反棱柱结构组成，该结构是 FeB 基液态合金中 Fe_2B 初晶相的基本结构组成单元。并且，这些结构是由液态合金中<0,2,8,0><0,3,6,1>和<0,2,8,1>多面体演变而来。当合金中添加稀土元素以后，液态合金的动力学转变呈现出相反的变化趋势。在动力学转变过程中，<0,3,6,0>多面体发挥了关键的作用。这些包含稀土元素的<0,3,6,0>多面体变得非常稳定［图 4.30(d)］。同时，其百分含量大大增加。包含稀土元素的<0,3,6,0>多面体可以有效

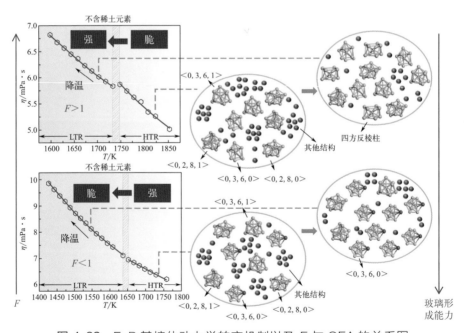

图 4.32　FeB 基熔体动力学转变机制以及 F 与 GFA 的关系图

LTR—低温区；HTR—高温区

减少四方反棱柱结构的形成，因为$<0,2,8,0>$、$<0,3,6,1>$和$<0,2,8,1>$多面体的数量大大减少［图 4.31(b)（c)］。冷却过程中，四方反棱柱结构和稳定$<0,3,6,0>$多面体之间的竞争导致不明显的黏度转折和较小的 F 值。在这种情况下，F 值小于 1 且接近于大块金属玻璃的 F 值。以 B 原子为中心的稳定的$<0,3,6,0>$多面体（即 TTP 结构）更容易作为主导结构被保留至固态金属玻璃中。因此，液体中包含稀土元素的稳定$<0,3,6,0>$多面体是提高 FeB 基合金非晶形成能力的关键因素。

小结

液液相变可以被认为是非晶合金液体中存在的一般现象。不同体系发生液液相变的温度或者强度存在差别。尽管本章中介绍的液液相变都发生在液相线温度以上，但液液相变理论上也可以发生在过冷液相区。目前，关于液液相变是一级相变还是二级相变的问题，还存在争论。回答这一问题的困难在于，对液体中"相"的定义存在很大挑战。由于晶体长程有序，可以方便地对其中的"相"进行定义，但由于液体近程结构的复杂性，液体的"相"和固体的"相"必然存在本质区别。如果能够对这个问题进行回答，关于金属液体的很多秘密将不再是秘密。

第 **5** 章
液态金属的强脆转变

YETAI
JINSHU
JI
YICHUANXING

尽管液体的脆性概念有其独特的优势，但液体的脆性概念并不能满足我们最终揭示玻璃转变本质的需要。这是因为 Angell 的脆性定义以过冷液体为研究目标，本质上仅体现了液体在接近玻璃转变温度 T_g 附近的结构稳定性，忽视了液体性质从高温（即液相线附近）到低温（即玻璃转变温度附近）这一温度范围的动态变化。而这一温度范围正是液体在冷却过程中微观不均匀介质不断形成并演化的区域，是决定玻璃转变过程中多尺度结构弛豫以及最终材料性能的关键。

K. Ito 等人于 1999 年在《Nature》杂志最先报道了水的动力学行为的特殊性。他根据液体脆性的定义，将液体脆性的概念外延到液相线以上温度区间，采用热力学方法表明水在 T_m 附近几乎是最脆的液体，而动力学方法表明水在 T_g 附近几乎是最强的液体。即随着温度的升高，水由刚性液体（强液体）变为脆性液体。K. Ito 等人将这种现象称之为水的强-脆转变（fragile-to-strong transition）现象，如图 5.1 所示。

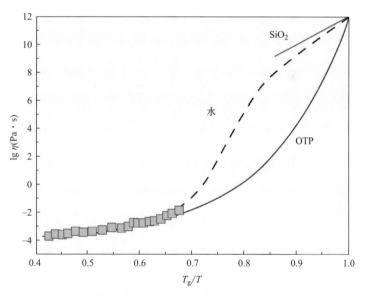

图 5.1　水、刚性液体原型二氧化硅（SiO₂）和脆性液体原型
邻三联苯（OTP）的 Angell 画法

从图 5.1 可以看出，水在 T_m 附近，黏度随温度的变化趋势与脆性液体原型 OTP 相似，偏离 Arrhenius 特性并且不能在外延到玻璃转变温度 T_g 时，表现出脆性特性。然而，在玻璃转变温度附近黏度随温度的变化符合 Arrhenius 特性，与刚性液体原型 SiO₂ 相似，表现出刚性特性。K. Ito 等人

认为水在 225～230K 的温度范围内，与玻璃转变密切相关的主弛豫（即 α 弛豫）发生了明显的非 Arrhenius 特性向 Arrhenius 特性的转变。

液体的强脆转变现象说明液体从低温到高温的升温过程中存在着动力学机理的改变，该机理变化的背后必然对应着微观结构某种快速、非单调的变化。这一现象使人们认识到许多重要的、新的问题的存在，如液体为什么会发生强脆转变？强脆转变的本质究竟是什么？强脆转变会对最终形成的玻璃固体造成怎样的影响？发生强脆转变的具体温度区间与玻璃转变温度是否存在关系等。尽管对这些问题的回答对科研工作者是新的挑战，但强脆转变现象的提出无疑为进一步理解玻璃转变难题指出了有价值的方向。对这一现象的理解，不仅对于揭示玻璃转变本质和液体凝固特征具有重要的理论价值，而且在理解玻璃转变过程和晶化过程相互竞争的规律、提高玻璃性能以及过冷液体（特别是金属玻璃）的玻璃形成能力方面具有重要的指导意义。

5.1　稀土基金属玻璃液体中的强脆转变特征

2007 年，C. Way 等人首次开展对金属液体的研究。他们发现 $Zr_{41.2}Ti_{13.8}Cu_{12.5}Ni_{10.0}Be_{22.5}$ 从不同温度开始冷却时黏度随温度的变化趋势不同，如图 5.2 所示。这暗示着金属或合金体系中可能存在着动力学机制的变化或者说强脆转变。

图 5.3 给出了三种大块金属玻璃液体：$Gd_{55}Al_{25}Co_{20}$、$Gd_{55}Al_{25}Ni_{10}Co_{10}$ 和 $Pr_{55}Ni_{25}Al_{20}$ 的黏度随约化玻璃转变温度变化的曲线。同时也给出了 SiO_2、邻三联苯（OTP）和水的黏度及其拟合数据用于进行比较。三种大块金属玻璃液体的过热熔体黏度均是文献中采用回转振荡式高温熔体黏度测量仪获得的数据；Gd 基金属玻璃试样在过冷液相区内的黏度数据通过热力学方法获得；而 Pr 基金属玻璃的黏度数据采用三点梁弯曲法获得。过冷液体脆性，即：$\lg\eta\text{-}T_g/T$ 曲线在 $T=T_g$ 时的斜率，最初将液体分成基本的两类，即以 SiO_2 为原型的刚性液体和以 OTP 为原型的脆性液体。从图 5.3 中可以看出三种大块金属玻璃液体的黏度随温度的变化趋势处于 SiO_2 和 OTP 之间，即三种大块金属玻璃合金的液体脆性在过冷液相区内表现为处于强性和脆性之间的中等脆性。从偏离刚性和脆性液体原型的情况来看，在 T_g 附近，大块金属玻璃合金的液体脆性与刚性液体原型 SiO_2 和水比较接近，但

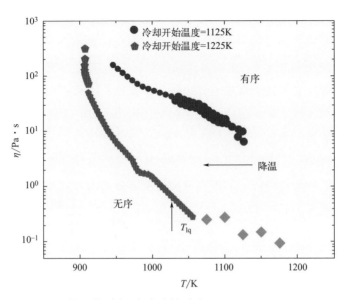

图 5.2　以 2K/s 的平均冷却速度连续冷却 $Zr_{41.2}Ti_{13.8}Cu_{12.5}Ni_{10.0}Be_{22.5}$ 的

过程中黏度随温度的变化趋势

从 1125K 开始冷却时，黏度（●）大于从 1225K 开始冷却时得到的黏度（⬠）。

（◆）表示从 1225K 冷却时，在 1045K 以上采用等温黏度测量得到的数据

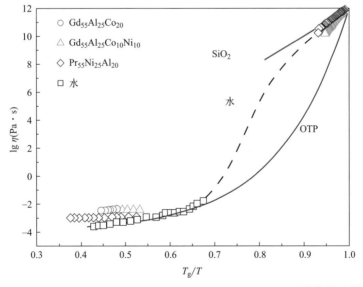

图 5.3　$Pr_{55}Ni_{25}Al_{20}$、$Gd_{55}Al_{25}Co_{20}$ 和 $Gd_{55}Al_{25}Co_{10}Ni_{10}$ 三种大块金属玻璃

液体和水的黏度对数（$\lg\eta$）随约化玻璃转变温度（T_g/T）变化的曲线

虚线表示水的强脆转变示意图；实线是 SiO_2 和 OTP 的黏度数据的拟合结果

是远离脆性液体原型 OTP。三种大块金属玻璃的液体脆性在过冷液相区内表现得相对较强。相反，在液相线 T_{liq} 以上温度区间内，三种合金熔体的黏度随温度的变化趋势与 OTP 和水在此温度区间内的黏度变化趋势相近，表现得较脆。稀土基大块金属玻璃合金的液体脆性在液相线以上温度区间和过冷液相区内的不同表现，说明在整个温度范围内，其动力学特性与水的强脆转变现象有着某种程度的相似性。

图 5.4 给出了三种 Sm 基和三种 La 基大块金属玻璃液体的黏度随约化玻璃转变温度的变化趋势。六种大块金属玻璃合金的过热熔体黏度均是采用回转振荡式高温熔体黏度测量仪测定的数据。

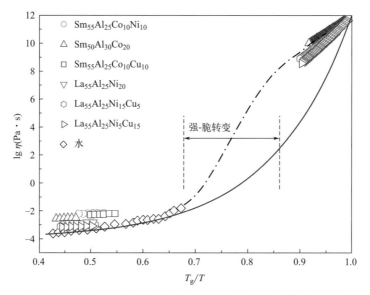

图 5.4　Sm 基和 La 基大块金属玻璃液体的黏度对数（lg η）随
约化玻璃转变温度（T_g/T）变化的曲线

点划线为水的强脆转变示意曲线；实线为 OTP 的黏度数据拟合曲线

从图 5.4 中可以看出，在液相线以上温度，六种大块金属玻璃合金的熔体黏度随温度的变化趋势与水和 OTP 的黏度在此温度区间内的变化趋势比较接近，即这几种大块金属玻璃液体的液体脆性在液相线以上温度区间内表现出脆性特性。而在 T_g 附近的过冷液相区内，几种大块金属玻璃液体的黏度随温度的变化趋势与水在此温度区间内的变化趋势接近却远离 OTP，表明在过冷液相区内的刚性特性或强特性。

为量化大块金属玻璃液体与水相似的动力学特性，对所选的大块金属玻璃液体的黏度进行了两步数据处理。第一步，对 T_g 附近的低温黏度数据采用 MYEGA 模型拟合。MYEGA 模型描述的黏度随温度的变化趋势可以用式(5.1) 来表示

$$\lg\eta =\lg\eta_\infty + \frac{B}{T}\exp\left(\frac{C}{T}\right) \tag{5.1}$$

式中，η_∞ 为极限高温处的黏度；B 和 C 是与液体网络刚性开始时相关的常数。这些参数可以通过对实验黏度值进行拟合来获得。MYEGA 模型与其他模型，如 Vogel-Fulcher-Tammann（VFT）和 Avramov-Milchev（AM）相比更具有物理意义并且从经验上更精确。利用 MYEGA 公式和 C. A. Angell 给出的液体脆性系数 m 的表达式，液体脆性系数 m 可以用式(5.2) 来表达

$$m = \frac{B}{T_g}\left(1 + \frac{C}{T_g}\right)\exp\left(\frac{C}{T_g}\right) \tag{5.2}$$

也可依据热力学方法获得液体的脆性。利用过冷液相区黏度的数据，由式(5.2) 可计算出液体在玻璃转变温度处的脆性系数 m。然后，对 T_{liq} 以上的过热熔体黏度数据利用式(5.1) 进行拟合，并外延到玻璃转变温度，此温度对应的黏度为 $10^{12}\,\text{Pa}\cdot\text{s}$，获得另外一组数据（$B'$和 C'）。由式(5.2) 计算得到另一脆性系数 m'。参数 m' 是液体脆性在液相线 T_{liq} 处的量化数据。对于不存在强脆转变特性的大块金属玻璃液体而言，其 m 和 m' 的数值应该是相等的。相反，具有强脆转变特性的液体的两个脆性系数不相等。由此，可以采用两个脆性系数的比值 m'/m 来给出液体脆性在不同温度区间内的差别，从而定量地确定其是否具有强脆转变特性。该比值被定义为强脆转变系数 f，即

$$f = \frac{m'}{m} \tag{5.3}$$

该系数能够定量表征大块金属玻璃液体的强脆转变。较大的强脆转变系数 f 表明在液相线以上温度区间和过冷液相区内所呈现的大块金属玻璃合金的液体脆性差别越大，即大块金属玻璃液体在冷却过程中的结构弛豫变化越大。

利用 5.3 中给出的强脆转变系数 f 可以对这种相似的动力学特性进行量化，结果如表 5-1 所示。表中列出了十种稀土基大块金属玻璃液体和水在极限高温处的黏度对数 $\lg\eta_\infty$、玻璃转变温度 T_g、脆性系数 m 和 m' 以及强脆

转变系数 $f = m'/m$。

从表 5-1 可以看出，十种金属液体在极限高温处的黏度对数 $\lg \eta_\infty$（Pa·s）分布在 −3 左右，即大块金属玻璃液体在极限高温处的黏度接近于 10^3 Pa·s。这表明大块金属玻璃液体在极限高温处的弛豫时间比较接近。

表 5-1　极限高温处的黏度对数 $\lg \eta_\infty$、玻璃转变温度 T_g、脆性系数 m' 和

m 以及强脆转变系数 $f = m'/m$

大块金属玻璃的成分	$\lg \eta_\infty$（Pa·s）	T_g/K	m'	m	$f = m'/m$
$Gd_{55}Al_{25}Co_{20}$	−2.65	589	113	25	4.5
$Gd_{55}Al_{25}Ni_{10}Co_{10}$	−2.58	579	133	25	5.3
$Pr_{55}Ni_{25}Al_{20}$	−3.05	484	156	19	8.2
$Sm_{55}Al_{25}Co_{10}Ni_{10}$	−2.33	551	130	37	3.5
$Sm_{50}Al_{30}Co_{20}$	−2.40	586	136	29	4.7
$Sm_{55}Al_{25}Co_{10}Cu_{10}$	−2.71	534	114	27	4.2
$La_{55}Al_{25}Ni_{20}$	−3.03	491	127	40	5.14
$La_{55}Al_{25}Ni_{15}Cu_5$	−5.143	474	130	34	3.8
$La_{55}Al_{25}Ni_5Cu_{15}$	−5.147	459	134	40	5.16
$Ce_{55}Al_{45}$	−3.12	541	127	32	4.0
水	−3.90	165	98	22	4.5

同时，强脆转变系数 $f > 1$ 并且分布在 5.14～8.2 的范围内。$f > 1$ 定量表明了大块金属玻璃液体存在着强脆转变特性。强脆转变的大小随大块金属玻璃液体的成分而变化，其中 $Pr_{55}Ni_{25}Al_{20}$ 的强脆转变系数最大，而 $La_{55}Al_{25}Ni_{20}$ 的强脆转变系数最小。在 $Sm_{50}Al_{30}Co_{20}$ 加入 Cu 和 Ni 变成四元合金后，强脆转变系数变小。而采用 Cu 部分替代 $La_{55}Al_{25}Ni_{20}$ 中的 Ni 后，强脆转变系数先减小后增大。需要指出的是用于 T_g 附近过冷液相区黏度测量的不同实验方法可能会导致 f 值的分散，但是这种分散性相对于强脆转变特性本身而言是比较小的。

5.2　CuZr 基合金液体的强脆转变特征

图 5.5 为 CuZr(Al) 金属玻璃液体在高于液相线 T_{liq} 的高温区（HT）和在玻璃转变温度 T_g 附近的低温区（LT）的黏度数据。内插图以 $Cu_{48}Zr_{48}Al_4$

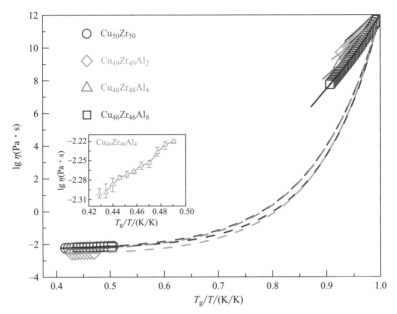

图 5.5　（$Cu_{50}Zr_{50}$）$_{100-x}$$Al_x$（x=0，2，4，8）金属玻璃液体的 Angell 图
即 $\lg\eta$-T/T_g 图。虚线和实线分别是高温和低温黏度数据对 MYEGA 模型 ［式(5.1)］ 的
拟合结果。插图：$Cu_{48}Zr_{48}Al_4$ 液体高温黏度数据的放大图，说明其误差范围

成分为例，以说明高温区黏度数据的误差范围。在高温区，黏度数值在
10^{-2}Pa·s 附近，这一数量级与文献报道的 CuZrAl 合金在液相线附近的黏
度值一致。高温黏度和低温黏度值分别应用 MYEGA 公式进行拟合，如图
5.5 中虚线和实线所示。四种金属玻璃形成液体的低温脆性值 m_{LT} 在 32～53
之间，表明 CuZr(Al) 金属玻璃液体在低温区表现为强性液体。相比而言，
高温脆性 m_{HT} 比低温脆性 m_{LT} 要大得多。表 5-2 中四种 CuZr(Al) 金属玻
璃液体的强脆转变系数 f 均大于 1，说明 CuZr(Al) 金属玻璃液体在降温过
程中存在动力学上的强脆转变。这一发现与 Bendert 等人报道的现象相一致。
他们发现，相比于形成能力差的 CuZr 二元金属玻璃液体，形成能力越强的
液体在 T_g 附近的热膨胀系数越小，而在液相线 T_{liq} 附近（$2T_g$ 处）的热
膨胀系数却越大。$2T_g$ 到 T_g 之间热膨胀系数变化趋势的显著不同预示着
在降温过程中，CuZr 基合金的过冷液相区存在从脆性液体到强性液体的
转变。

表 5-2 **CuZr(Al) 玻璃形成液体分别在高温和低温的脆性系数（m_{HT} 和 m_{LT}）。**

成分/(at %)	T_g/K	m_{HT}	m_{LT}	f
$Cu_{50}Zr_{50}$	664	127	32	4.0
$Cu_{49}Zr_{49}Al_2$	674	129	34	3.8
$Cu_{48}Zr_{48}Al_4$	683	117	44	2.7
$Cu_{46}Zr_{46}Al_8$	701	130	53	2.5

强脆转变温度 $T_{f\text{-}s}$ 是一个很重要的特征温度。$T_{f\text{-}s}$ 可以根据拓展的 MYEGA 模型计算得出：

$$\lg\eta = \lg\eta + \cfrac{1}{T\left[W_1\exp\left(-\cfrac{C_1}{T}\right) + W_2\exp\left(-\cfrac{C_2}{T}\right)\right]} \qquad (5.4)$$

式中，η_∞、W_1、C_1、W_2、C_2 都是拟合参数。C_1 和 C_2 分别对应高温部分和低温部分两种不同动力学机制的约束，分别由 W_1 和 W_2 来控制权重系数。这一模型已经普遍应用于氧化物玻璃、相变玻璃等过冷液体中强脆转变的描述。图 5.6 以 $Cu_{46}Zr_{46}Al_8$ 为例，对黏度数据根据式（5.4）拟合得到图中实线的结果。其中，点划线表示脆性机制，而虚线对应强性机制。基于以上定义，强脆转变温度 $T_{f\text{-}s}$ 可以根据式（5.5）计算：

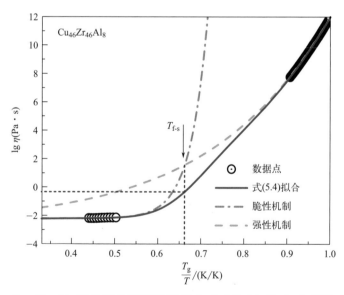

图 5.6 $Cu_{46}Zr_{46}Al_8$ 液体在全温度范围拟合式（5.4）的 Angell 图（实线）

虚线和点划线分别表示强性和脆性机制，交点即强脆转变温度 $T_{f\text{-}s}$

$$W_1 \exp\left(-\frac{C_1}{T_{f\text{-}s}}\right) = W_2 \exp\left(-\frac{C_2}{T_{f\text{-}s}}\right);$$

$$T_{f\text{-}s} = \frac{C_1 - C_2}{\ln W_1 - \ln W_2} \tag{5.5}$$

根据式(5.5)，可以看出，强脆转变温度 $T_{f\text{-}s}$ 是对应于高温区的脆性机制和低温区的强性机制对整个的温度范围动力学上贡献相同的温度点。低于 $T_{f\text{-}s}$ 时，强性机制就变成主导液体动力学的机制。表 5-3 中列出了四种 CuZr(Al) 金属玻璃液体拟合式(5.5) 得到的拟合参数，拟合的相关系数都不小于 0.9998。应用这些拟合参数计算得到的 CuZr(Al) 金属玻璃液体的 $T_{f\text{-}s}$ 温度范围在 989~1063K。

表 5-3　四种 CuZr(Al) 玻璃形成液体的 T_g、$T_{f\text{-}s}$ 以及式(5.5) 拟合参数

成分/(at %)	T_g/K	$\lg\eta_\infty$/(Pa·s)	W_1	C_1	W_2	C_2	$T_{f\text{-}s}$/K
Cu$_{50}$Zr$_{50}$	664	-2.23	265	14180	0.00035	795	989
Cu$_{49}$Zr$_{49}$Al$_2$	674	-2.56	1614	16867	0.00038	884	1047
Cu$_{48}$Zr$_{48}$Al$_4$	683	-2.32	373	15282	0.00080	1405	1063
Cu$_{46}$Zr$_{46}$Al$_8$	701	-2.20	1809	16716	0.00151	1901	1059

本文中的 $T_{f\text{-}s}$ 值与文献中存在强脆变化的一些非金属玻璃液体中的强脆动力学交叉温度很相似。基于此，结合文献中的相关数据，本书整理了 98 种玻璃形成液体 $T_{f\text{-}s}$ 与 T_g 的关系，包括金属玻璃、氧化物玻璃和有机小分子，如图 5.7 所示。金属玻璃的 $T_{f\text{-}s}$ 由式(5.4) 和式(5.5) 拟合计算得到，

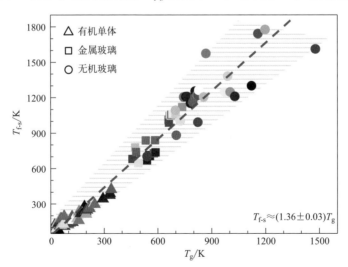

图 5.7　98 种玻璃形成液体的 T_g 与 $T_{f\text{-}s}$

虚线为线性拟合结果

数据在表 5-4 给出。对于非金属玻璃体系，其 T_{f-s} 值取自文献。可以看到，所有金属玻璃的 T_g 值都在中间的温度区间（450～750K）上。由图 5.7 可以发现 T_g 和 T_{f-s} 存在线性关系：$T_{f-s} = (1.36 \pm 0.03) T_g$，拟合相关系数为 0.9599。金属玻璃体系在 T_{f-s} 处的黏度值也列在表 5-4 中。可以发现，对于金属液体来说，其 T_{f-s} 处黏度的平均值为 100.86Pa·s，比非金属液体的 10^2Pa·s 要小。图 5.7 给出的 $T_{f-s} \approx 1.36 T_g$ 关系也是玻璃形成液体的强脆转变的重要特性之一。

表 5-4 20 种金属玻璃形成液体的 T_g、T_{f-s} 和 $\lg\eta_{f-s}$ 值（以 T_g 升序排序）。

成分 /(at %)	T_g/K	T_{f-s}/K	$\lg\eta_{f-s}$(Pa·s)
$La_{55}Al_{25}Ni_5Cu_{15}$	459	681	0.17
$La_{55}Al_{25}Ni_{15}Cu_5$	474	778	−0.29
$Pr_{55}Ni_{25}Al_{20}$	480	739	0.65
$La_{55}Al_{25}Ni_{20}$	491	646	1.37
$Sm_{55}Al_{25}Co_{10}Cu_{10}$	534	838	0.71
$Ce_{55}Al_{45}$	541	670	2.01
$Sm_{55}Al_{25}Co_{10}Ni_{10}$	553	714	2.17
$Al_{87}Co_8Ce_5$	558	706	2.14
$Gd_{55}Al_{25}Ni_{10}Co_{10}$	579	729	2.50
$Sm_{50}Al_{30}Co_{20}$	586	839	1.51
$Gd_{55}Al_{25}Co_{20}$	589	737	2.54
$Zr_{52.5}Cu_{17.9}Ni_{14.6}Al_{10}Ti_5$	661	1014	0.16
$Cu_{50}Zr_{50}$	664	989	1.00
$Zr_{58.5}Cu_{15.6}Ni_{12.8}Al_{10.3}Nb_{2.8}$	668	1047	0.28
$Zr_{57}Cu_{15.4}Ni_{12.6}Al_{10}Nb_5$	670	1059	0.15
$Cu_{49}Zr_{49}Al_2$	674	1047	0.38
$Cu_{47}Ti_{34}Zr_{11}Ni_8$	676	1057	−0.53
$Cu_{48}Zr_{48}Al_4$	683	1063	−0.11
$Cu_{46}Zr_{46}Al_8$	701	1059	−0.31
$Ni_{60}Zr_{30}Al_{10}$	738	1121	0.76

5.3 强脆转变在 CuZr 基金属玻璃固体中的体现

强脆转变温度 $T_{f\text{-}s}$ 的计算有助于得到脆强转变的大概温度范围。对应于该温度范围，其热力学性质的变化也值得我们关注。Starr 等通过假定比热在通过无人区的连续性，提出如果用 Adam-Gibbs 方程拟合黏度数据，发生强脆转变的液体其黏度曲线应该出现两个转折点。Wei 等则利用 $Ge_{85}Te_{25}$ 和水的比热均出现异常的相似性特点，进一步验证了这两个转折点的存在。同样，热力学性质的测量不仅能用于了解玻璃在不同温度下的放热吸热过程，同样可以用于研究玻璃在凝固过程中的弛豫特性。

由于金属玻璃其深过冷液体不稳定，在冷却过程中非常容易晶化，因此直接测量玻璃转变温度至熔点温度范围内的过冷液体的热力学性质比较困难。在这种情况下，可以选择利用超快速冷却技术将金属液体冻结在深过冷区的某一虚拟温度 T_f，该温度可以视为液体冷却过程中的玻璃转变温度，高于非晶固体升温过程中测量的 T_g。此时，玻璃固体的结构恰好对应 T_f 的过冷液体的结构。凝固过程中的冷却速度越大，虚拟温度 T_f 越高。利用面积相等原理，对过剩焓的研究分析可以算出金属玻璃液体在 $T_f\text{-}T_g$ 范围内的热力学或结构演变规律。前期的研究表明，对超快速冷却得到的非晶条带（高的 T_f）进行系列退火处理，条带中的过剩熵或焓逐渐释放，体系能量往往呈现出降低的趋势，T_f 降低，条带的热稳定性变好。如图 5.8 所示，可以看出，保持退火时间不变，随着退火温度 T_a 的增加，CuZrAl 非晶条带（冷却速度 49m/s）在升温过程中的起始放热点 T_{onset} 单调增长，其过剩焓单调减少。这反映出条带对应的过冷液体的能量随 T_f 的降低单调递减。这一单调的变化趋势在许多快速冷却的非晶物质都已经得到，并且符合 Adams-Gibbs 理论。

然而，近期的研究结果证明，该单调的变化趋势受液体冷却速度的影响。将冷却速度降低到 $17\sim35$m/s 之间，条带的焓弛豫以及 T_{onset} 随 T_a 的变化呈现出三阶段的弛豫模式，T_{onset} 先增加后降低再增加。如图 5.9（a）所示，对于甩带铜辊线速度为 25m/s 快冷的 $Cu_{46}Zr_{46}Al_8$ 金属玻璃条带，当退火温度在 $583\sim623$K 之间时出现异常的 sub-T_g 焓弛豫模式［如图 5.9（a）中虚线 E 所示］。这意味着非晶合金液体在凝固过程中的动力学机理发生变

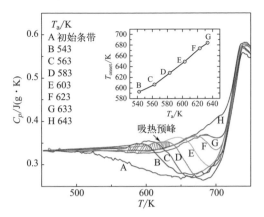

图 5.8 快冷速度为 49m/s 的 $Cu_{46}Zr_{46}Al_8$ 条带不同退火温度 T_a

退火 1h 的等压热容曲线

插图为放热峰开始温度 T_{onset} 与退火温度 T_a 的关系

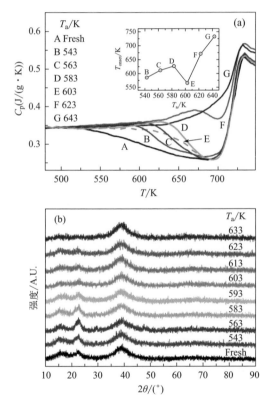

图 5.9 （a）快冷 $Cu_{46}Zr_{46}Al_8$ 条带在 T_g 下不同退火温度 T_a 退火 1h 的

等压热容曲线；（b）不同 T_a 退火后的 X 射线散射图谱

（a）中插图为放热峰开始温度 T_{onset} 与退火温度 T_a 的关系

化。利用热熔面积相等方法，可得到 T_{onset} 降低的温度区间 $T_{f,c}$（$T_g/T_{f,c}$ = 0.800~0.820）比利用广义黏度模型算出的 T_{f-s} 略低（T_g/T_{f-s} = 0.765）。这表明 CuZrAl 快冷金属玻璃条带热力学上的异常三阶段 sub-T_g 熔弛豫模式与金属玻璃液体的动力学强脆转变的结构起源是相同的。

对照图 5.9(a)，图 5.9(b) 为在不同温度下退火 1h 后的 $Cu_{46}Zr_{46}Al_8$ 金属玻璃条带的 XRD 谱图。所有的 XRD 谱图上都看不到晶化峰的出现，说明所有在 643K 下退火后的玻璃条带都是非晶态的。显然，退火温度对 XRD 谱图的主峰（35°~45°）的峰位和强度都没有什么影响，而在较小衍射角的范围预峰的强度随着退火温度的升高明显降低。仔细分析在退火过程中样品的微观结构的演变，可以给出强脆转变过程中的结构演变信息。

图 5.10 为退火后的 $Cu_{46}Zr_{46}Al_8$ 金属玻璃条带的结构因子 $S(Q)$。图中可以看到，每条曲线上都存在一个主峰和在 Q 值较小一侧的两个小峰，这一现象与 Ni 基高温合金液体的测试结果类似。文献中，在主峰前先出现的 Q 值较小一侧的峰通常被称为"预峰"（prepeak）。图 5.10 中标记为 P_m 的主峰的位置不随退火温度的升高而变化，说明降温过程中的短程有序（short range order，SRO）的结构单元比较稳定。退火前后主峰的峰位与通过拓展 X 射线吸收精细结构（extend X-ray absorption fine structure，简称 EXAFS）测量得到的峰位一致。主峰峰位不发生变化，也有可能是由于本文中测试的是玻璃态的样品而非液态样品，因为液态样品通常可探测到主峰峰位会随着降温而发生移动。然而，图 5.10 中标记为 P_1 和 P_2 的两个预峰的峰位却受退火温度的影响较大，尤其是 P_1。对于 P_2，其峰位随着退火温度的升高逐渐偏移到更大的 Q 值方向，这与中程有序单元（intermediate range order）尺寸的单调减小有关。对于 P_1，当退火温度小于 583K 时，P_1 峰位随退火温度的增加单调向更低的 Q 值方向移动；当退火温度在 593~613K 时，这种负相关关系被打破，更高的退火温度对应着更大 Q 值的 P_1 峰位；而当退火温度高于 623K 时，P_1 峰位与退火温度的负相关关系再次出现。不同于 P_1 峰位随退火温度的非单调变化，P_1 峰的强度随退火温度的增加逐渐下降，尤其是当退火温度高于 583K 时。对比图 5.9（a），可以发现 P_1 峰位发生的非单调演变的退火温度范围与三阶段预峰熔弛豫对应的退火温度范围相同。这说明一定存在对应 P_1 峰位的中程有序（medium range order，MRO）结构的突变，同时与 CuZrAl 金属玻璃液体的强脆转变密切相关。对应 P_1 预峰的结构单元尺寸 R_c 可以通过 Ehrenfest 公式计算得出：

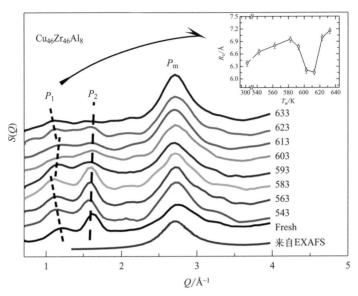

图 5.10 快冷 $Cu_{46}Zr_{46}Al_8$ 玻璃不同 T_a 下退火后的结构因子

最下方实线为文献中由 EXAFS 计算的结果。短虚线和虚线分别表示两个
预峰峰位的移动。插图：不同 T_a 下的第一预峰的结果单元尺寸 R_c。

$$R_c = 1.23 \times 2\pi/Q_{pp} \tag{5.6}$$

式中，Q_{pp} 为 P_1 的峰位。计算的统计误差可以根据 Egami 给出的方法
估算。预峰越宽，其误差越大。R_c 与退火温度 T_a 的关系以及误差限由图
5.10 的内插图给出。当退火温度从 593K 增加到 613K 时，可以看到 R_c 的
异常下降。由于退火温度的增加一般对应于冻结温度 T_f 的降低，R_c 的非单
调变化意味着金属玻璃液体在发生强脆转变时中程有序（MRO）单元的不
连续结构演变。CuZrAl 金属玻璃过冷液体中，中程有序结构单元的尺寸并
不是如 Adam 和 Gibbs 预测的那样，随着温度的降低而单调增加。相反，在
发生强脆转变时，这些中程有序团簇会分解成更小的团簇。结构单元尺寸
R_c 的突然降低与 CuZrAl 金属玻璃过冷液体在降温过程中 $1.3 \sim 1.4T_g$ 温度
范围处焓释放的异常增加可能存在对应关系。

图 5.11 为 CuZrAl 金属玻璃不同退火温度的 $g(r)$ 曲线。如图 5.11 中
虚线箭头所示，$g(r)$ 曲线的第一峰的峰位和左半高峰宽随着退火温度的增
加逐渐偏向更小的数值。第一峰的偏移可以归结为不同类型原子的热振动，
以及由此导致的近邻原子间距变为更短或更长的不对称分布。相关半径
(r_c') 常常被用来统计地描述金属玻璃液体中中程有序团簇的平均尺寸。r_c'

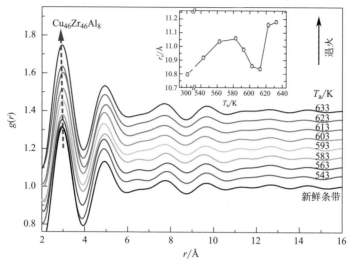

图 5.11　不同 T_a 下的双体分布函数 $g(r)$

插图为 T_a 和相关半径 r_c' 的关系

是 $g(r)=1\pm0.02$ 的最小半径，误差可以由傅里叶变换过程估算得到。r_c'
随退火温度 T_a 的变化如图 5.11 中插图所示。显然，同结构单元尺寸 R_c 的
变化类似，r_c' 受退火温度的影响也存在异常的三阶段变化。当退火温度从
593K 增加到 613K 时，相关半径 r_c' 反而减小。这进一步证明冷却过程中
CuZrAl 金属玻璃液体存在中程有序团簇的分离现象。这种过冷液体中相关
长度的非单调演变在一些理论模拟计算的结果中也有报道。

另一方面，团簇变化的特点与液体脆性等动力学性质密切相关。团簇分
离的激活能（E_d）和原子聚合的激活能（E_a）之差 ΔE 能够反映团簇的稳
定性，因此，黏度也可以用团簇动力学模型加以描述：

$$\lg\eta=\lg\eta_g-\left[\lg\left(\frac{\eta_g}{\eta_\infty}\right)\right]\times\frac{\Omega_g^{T_g/T}-\Omega_g}{1-\Omega_g}, \qquad (5.7)$$

$$\ln\Omega_g=(E_d-E_a)/RT_g=\Delta E/RT_g$$

式中，η_g 为 T_g 处的黏度值；η_∞ 为极限高温处的黏度值；R 为气体常
数。由于在冷却过程中原子聚合过程的激活能总是小于团簇分离的激活能，
因此，激活能差（ΔE）总是正值。ΔE 值越小，说明原子聚合和团簇分离两
个过程能激活能差越小，液体中的团簇越稳定。用式(5.7)分别对图 5.5 中
高温和低温的黏度数据拟合，得到四种金属玻璃液体高温区和低温区的激活
能差，如表 5-5 所示。低温激活能差 ΔE_{LT} 的值在 $10.6\sim21.4\text{kJ/mol}$，这一

数量级和范围与文献中报道的 Al 基金属玻璃液体的低温激活能差相一致。可以看到，对于每个成分，低温激活能差 ΔE_{LT} 都远小于高温激活能差 ΔE_{HT}。以上结果说明经过强脆转变后的低温区的团簇比高温区的团簇更加稳定。

表 5-5 CuZr(Al) 玻璃形成液体分别在高温区和低温区的团簇激活能差

成分/(at %)	ΔE_{HT}/(kJ/mol)	ΔE_{LT}/(kJ/mol)
$Cu_{50}Zr_{50}$	55.97	10.60
$Cu_{49}Zr_{49}Al_2$	61.66	11.33
$Cu_{48}Zr_{48}Al_4$	57.88	11.78
$Cu_{46}Zr_{46}Al_8$	67.19	21.43

图 5.9～图 5.11 中退火温度 T_a 影响的 R_c 和 r'_c 的三阶段变化，以及表 5-5 中高温区和低温区 ΔE 的显著差异，都证实在强脆转变前后，中程有序团簇的演变机制是不同的。在发生强脆转变时，中程序结构表现出很强的趋势分离，而不是与其他原子或团簇聚集。根据 5.3 节的实验结果，我们绘制出 CuZrAl 金属玻璃液体中强脆转变前后的结构演变示意图，如图 5.12 所示。根据 Tanaka 提出的双有序参数（two-order-parameter，简称 TOP）模型，以及与金属玻璃相关的两种模型，我们结合自由原子和局域有序两种结构的重排来描述 CuZrAl 金属玻璃过冷液体的结构变化。由于二十面体能够阻碍拓扑有序化，并降低液体中的原子可移动性，进而提高玻璃形成能力，因此，我们假设 CuZrAl 金属玻璃液体中的局域有序结构主要由以下两种类型的二十面体（短程有序）结构组成：局部对称（partially symmetric）畸变的二十面体，和完全五次旋转对称（perfect fivefold-symmetric）的二十面体。当液体冷却到高于液相线的某一温度时，自由原子首先与其近邻的自由原子相互结合形成局域对称的二十面体 [图 5.12(b)]。随着进一步冷却，局域对称的二十面体会继续相互聚集，形成中程有序团簇 [图 5.12(c)]。换句话来说，高温区的结构单元主要是由相对低密度的局域对称二十面体构成。当液体降温至 T_{f-s} 附近时，即强脆转变开始时，这些中程有序团簇的尺寸和数量都会增加到一个饱和的临界值。要降低整个系统的能量，这些中程有序团簇则必须部分地重新打破重组，然后再重新结合，形成由完全五次旋转对称的二十面体组成的更稳定的中程有序团簇 [图 5.12(d)]。当金属玻璃液体进一步冷却至 T_{f-s} 以下时，这些新形成的稳定的中程有序团簇会聚集在一起，形成大尺寸团簇组成的高密度相，对应于强性液体 [图 5.12(e)]。

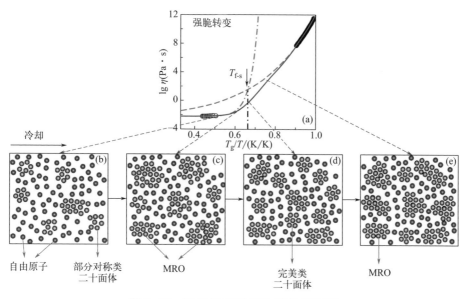

图 5.12　强脆转变的结构演化示意图

（a）lgη 随 T_g/T 演化的强脆转变现象；（b）～（e）CuZr(Al) 在冷却过程中强脆转变的结构特征
紫色虚线箭头表示相应的液态结构，结构单元用洋红色实箭头详细说明；MRO-中程有序结构

5.4　金属玻璃液体中强脆转变与弛豫的本质根源

　　值得注意的是，在玻璃形成液体冷却过程中，过冷液体中强脆转变现象的发生伴随着不同的弛豫模型。在金属玻璃形成过冷液体中，存在对应不同结构的两种弛豫模型：α 弛豫和慢 β 弛豫。α 弛豫特征弛豫时间随温度的变化规律可以用非阿伦尼乌斯定律（non-Arrhenius）来描述，慢 β 弛豫特征弛豫时间随温度的变化规律可以用阿伦尼乌斯定律（Arrhenius）来描述。在金属玻璃形成液体中，α 弛豫和慢 β 弛豫之间存在一种固有的竞争，且这种竞争已经通过耦合模型（coupling model，CM）、WW 模型（Williams-Watts）以及动态力学分析（dynamic mechanical analysis，DMA）和差示扫描量热分析（differential scanning calorimetry，DSC）等实验证明。Tanaka 也曾经提出这样一种图景：在冷却过程中，一种弛豫模型在一个临界温度点分离成两种弛豫模型（α 弛豫和慢 β 弛豫）。这种图景有利于我们从弛豫角度理解金属玻璃过冷液体的动力学性质。

由于在金属玻璃形成液体冷却过程中，强脆转变现象和弛豫在过冷液体中同时存在，我们对于两者之间是否存在联系产生好奇。如果它们之间存在联系，我们应该怎样定量地描述这种关系呢？这些问题的答案对于揭示强脆转变现象的微观起源和在弛豫模型的理论框架下建立一种理论来描述强脆转变现象至关重要。作为一种初始的尝试，Hedström 等人曾提出强脆转变现象可以归因于 α 弛豫和慢 β 弛豫分离的可能性。之后，Li 等人发现在 Zr 基金属玻璃形成液体冷却过程中，模型耦合理论（mode coupling theory）中的临界温度 T_c（与 α 弛豫和慢 β 弛豫的分离温度接近）与强脆转变现象的低温临界温度相吻合。实验也已经证明，金属玻璃形成液体强脆转变现象强度和慢 β 弛豫对于总体弛豫的贡献均与过冷液体脆性系数 m 密切相关。然而，我们并不知道强脆转变现象与弛豫模型是如何直接联系的。

在不同弛豫模型中，弛豫激活能依赖于弛豫结构单元的本质。一般来说，E_β 数值小于 E_α 数值，这表明慢 β 弛豫包含的结构更加具有局域性。E_β 数值与 E_α 数值越接近，α 弛豫和慢 β 弛豫包含的结构单元就越具有可比性。因此，弛豫竞争系数 $r = E_\alpha / E_\beta$ 可以看作是一种描述金属玻璃形成液体中 α 弛豫和慢 β 弛豫之间竞争程度的方法。

表 5-6 中给出了 23 种玻璃形成液体（含 19 种金属玻璃形成液体）中与强脆转变现象及弛豫模型相关的数据。用于计算弛豫竞争系数 r 的 E_α 和 E_β 数值是通过热力学方式或者 DMA 分析得到。对于 $Gd_{55}Al_{25}Co_{20}$、$La_{55}Al_{25}Ni_5Cu_{15}$ 和 $Sm_{55}Al_{25}Co_{10}Cu_{10}$ 等金属玻璃形成液体，在之前的文献中没有找到相应的 E_β 数值。这些金属玻璃形成液体 E_β 数值是通过经验公式 $E_\beta = (26 \pm 2)RT_g$ 计算得到的，其中 R 为气体常数。过冷液体脆性系数 m 是通过公式 $m = E_\alpha / (2.303RT_g)$ 计算得到的。相反地，表 5-6 中的一些 E_α 是在过冷液体脆性系数 m 数值已知的情况下，通过相同的公式计算得到。

表 5-6　23 种玻璃形成液体的特征参数

成分	m	m'	f	T_g/K	E_α/kJ	E_β/kJ	r
$Pr_{55}Ni_{25}Al_{20}$	19	156	8.2	484	176.1	104.6	1.7
$Gd_{55}Al_{25}Co_{20}$	25	113	4.5	589	281.9	127.3	2.2
$Gd_{55}Al_{25}Ni_{10}Co_{10}$	25	133	5.3	579	277.1	125.2	2.2
$Sm_{55}Al_{25}Co_{10}Cu_{10}$	27	114	4.2	534	276.0	115.4	2.4
$Sm_{50}Al_{30}Co_{20}$	29	136	4.7	586	325.3	126.7	2.6
$Ce_{55}Al_{45}$	32	127	4.0	541	331.4	116.9	2.8

成分	m	m'	f	T_g/K	E_α/kJ	E_β/kJ	r
$Cu_{50}Zr_{50}$	32	127	4.0	664	406.8	143.5	2.8
$Al_{87}Co_8Ce_5$	34	114	5.16	558	365.14	120.6	3.0
$Cu_{49}Zr_{49}Al_2$	34	129	3.8	674	438.7	145.7	3.0
$La_{55}Al_{25}Ni_{15}Cu_5$	34	130	3.8	474	321.9	102.5	3.1
$Sm_{55}Al_{25}Co_{10}Ni_{10}$	37	130	3.5	553	391.7	119.5	5.15
$La_{55}Al_{25}Ni_{20}$	40	127	5.14	491	362	110	5.15
$La_{55}Al_{25}Ni_5Cu_{15}$	40	134	5.16	459	353	99.2	3.6
VIT105	41	71	1.7	661	518.8	131.9	3.9
$Cu_{48}Zr_{48}Al_4$	44	117	2.7	683	575.5	147.6	3.9
VIT106a	50	70	1.4	668	639.4	135.15	4.8
VIT106	50	75	1.5	670	641.3	135	4.8
VIT101	51	79	1.5	676	660.0	134.9	4.9
$Cu_{46}Zr_{46}Al_8$	53	130	2.5	701	711.2	174.1	4.1
水	22	98	4.5	165	69.5	32.3	2.2
OTP	81	—	1.0	245	381	53	7.2
山梨醇	93	—	1.0	266	474	51.96	9.1
PVC	191	—	1.0	354	1294	57.5	22.5

注：m' 是过热液体脆性；f 是强脆转变系数；T_g 是玻璃转变温度；E_α 和 E_β 分别为 α 弛豫和慢 β 弛豫的弛豫激活能；r 是弛豫竞争系数，其数值等于 α 弛豫和慢 β 弛豫的弛豫激活能之比，$r = E_\alpha/E_\beta$。

图 5.13 给出了金属玻璃形成液体中 r-m 关系，r 与 m 具体数值在表 5-6 中列出。从图 5.13 中可以看出，弛豫竞争系数 r 随着过冷液体脆性系数 m 的增长呈现出线性增长，也就是说，较大的脆性系数 m 与 E_α 和 E_β 之间较大的差别相对应。这与通过 DMA 获得的实验数据一致。DMA 实验数据表明金属玻璃形成液体中慢 β 弛豫不同的表现形式对应于不同的脆性系数 m。由于随着 r 数值的减小，包含在 α 弛豫和慢 β 弛豫的结构单元在大小上更具有可比性，具有较小过冷液体脆性系数 m 的金属玻璃形成液体在 DMA 实验中慢 β 弛豫对应的特征峰与 α 弛豫对应的特征峰更难分离。相反地，在相对较脆的金属玻璃形成液体中，慢 β 弛豫在 DMA 实验中表现为明显的峰或者肩峰。这种趋势不仅已经在金属玻璃形成液体中得到证实，在许多非金属玻璃形成液体中也已经得到证实。比如说，在一些有机系统中，如甘油、苏糖醇、木糖醇和山梨醇，已经发现 α 弛豫特征峰的宽度随着脆性系数 m 的减小而增大，直到慢 β 弛豫消失。

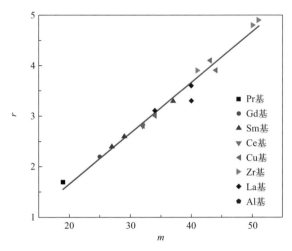

图 5.13　金属玻璃形成液体的弛豫竞争系数 r 随着
过冷液体脆性系数 m 的变化规律

图中实线仅作为视觉指导

　　表 5-6 中列出的金属玻璃形成液体的 f-r 数据在图 5.14 中画出。可以看出，f 与 r 之间存在一种负相关关系，也就是说，f 随着 r 的减小而增大。这表明强脆转变现象的强度与 α 弛豫和慢 β 弛豫之间竞争程度直接相关。理论上，金属玻璃形成液体在冷却过程中仅能经历脆到强的转变，而不能发生强到脆的转变。这就意味着 f 的数值只能等于或者大于 1，就如表 5-6 中所示。基于这个条件，f-r 数据的关系可以用一种经验的负指数关系进行拟合，也就是

$$f = 21.50\exp(-0.71r) + 1$$

　　其中拟合相关因子为 0.92，在图 5.14 中给出。

　　如图 5.14 中所示，当 r 数值足够大时，强脆转变现象消失，也就是说，f 的数值接近 1。这应该可以解释为什么在许多非金属脆性玻璃形成液体中，强脆转变现象非常不明显，甚至在某些系统中不存在。为了证明这一观点，我们从以前的文献中收集了一些小分子和聚合物玻璃形成系统的弛豫竞争系数 r，见表 5-6。可以看出，其 r 数值在 7.2～22.5 之间变化，比金属玻璃形成液体的 r 值大得多。根据拟合公式 $f = 21.50\exp(-0.71r) + 1$，这些非金属玻璃形成液体的强脆转变系数 f 的数值应该接近最小值，也就是说 f 稍微大于或者等于 1。这种预测结果与实验结果具有一致性，因为在这些玻璃形成液体中，通过实验并没有发现强脆转变现象，也就是说 $f = 1$。另外，还

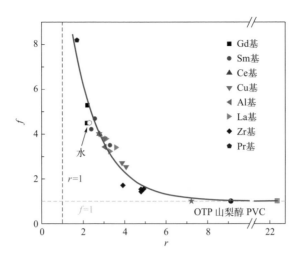

图 5.14　玻璃形成液体强脆转变系数 f 随弛豫竞争系数 r 的变化规律

实线是公式 $f = 21.50\exp(-0.71r) + 1$ 对从文献中收集的 $f\text{-}r$ 数据（见表 5-6）的拟
合结果。三种没有强脆转变现象的非金属玻璃体系（邻三联苯、山梨醇和聚氯乙烯）
也已在图中标注出来。典型的强脆转变液体水也包含在图中

有一种典型的具有强脆转变现象的玻璃形成液体——水，其弛豫竞争系数 r 数值为 2.3，见表 5-6。通过由金属玻璃形成液体强脆转变现象及弛豫相关数据拟合得到的负指数相关关系计算可以预测水的强脆转变强度系数 f 为 $5.2\pm$ 0.42。这个预测值与通过黏度实验得到的水的强脆转变系数 $f = 4.5$ 极其相似。这就说明了，这种负指数相关关系对于所有玻璃形成液体，包括金属玻璃和非金属玻璃，均适用。

另外，由于一般来说，E_β 数值小于 E_α 数值，r 的数值必须等于或者大于 1。这就说明了，玻璃形成液体的强脆转变程度不是无限大的。根据拟合公式 $f = 21.50\exp(-0.71r) + 1$ 预测，f 数值的最大值约为 11.6。在图 5.14 中，这个数值为拟合曲线与直线 $r = 1$ 的交点。由拟合公式预测的强脆转变系数 f 的最大值与理论预测值（11.7）几乎一致。这个理论预测值是理论最大脆性系数 $m = 175$（代表最脆的玻璃形成液体）与理论最小脆性系数 $m = 15$（代表最强的玻璃形成液体）的比值。其中理论最小脆性系数 $m = 15$ 是由 MYEGA 公式预测得到的。这些脆性系数 m 的极限值已经通过对不同玻璃形成液体进行的 DSC、DMA 或者黏度实验进行了证实。到目前为止，只有聚醚酰亚胺的脆性系数 m 的数值（$m = 214$）大于理论预测最大脆性系数（$m = 175$）。

为了从理论角度解释图 5.14 中拟合得到的负相关关系，我们参考了 Garwe 等人提出的弛豫的两种可能图景，分别在图 5.15(a) 和 (b) 给出。这两种图景都描述了在冷却过程中，玻璃形成液体中 α 弛豫和慢 β 弛豫之间的分离或者竞争情况。两种图景的主要差别在于：在图 5.15(a) 描述的图景中，在高温区域，α 弛豫消失，也就是说，慢 β 弛豫在高温区域占主导地位；在图 5.15(b) 描述的图景中，在整个冷却温度区间内，α 弛豫连续变化，而慢 β 弛豫的机理在某个临界温度点发生变化。基于之前许多科学家的理论框架，图 5.16 给出了过冷液相区弛豫模式（a）和强脆转变现象（b）的机理示意图。结合图 5.15(a) 和图 5.16，假设将强脆转变现象出现的主要原因归因于玻璃形成液体冷却过程中 α 弛豫在某个临界温度点 T_{C}' 的出现，那么较大的 E_{α} 伴随着不变的 E_{β}，也就是说较大的 r 值，对应较大的 f 值。这种结果与我们在图 5.14 中得到的结果相互矛盾。我们从图 5.14 可以看出，随着 r 的减小，f 不断增大，也就是说，在冷却过程中，较大的 E_{β} 伴随着不变的 E_{α} 与较大强度的强脆转变现象相对应。这一结果与图 5.15(b) 给出的图景相一致。也就是说，在冷却过程中慢 β 弛豫的出现是导致强脆转变现象发生的诱导因素。且在冷却过程中，慢 β 弛豫在整体弛豫中占据的比例越大，

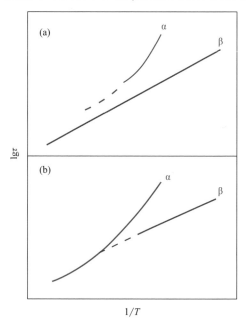

图 5.15　α 弛豫和 β 弛豫在接合区随温度变化的示意图

（a）PnBMA 型；（b）PPG 型；τ 是特征弛豫时间

强脆转变现象越明显。从微观结构角度来说，较小的 r 值或者较大的 E_β 值表明在团簇尺寸上，慢 β 弛豫对应的结构单元与 α 弛豫对应的结构单元更具有可比性。这也就是为什么说，越小的 r 对应的强脆转变现象越明显，也就是说 f 越大。

图 5.16 中给出的弛豫图景可以用来解释我们在图 5.14 中得到的强脆转变系数 f 与弛豫竞争系数 r 之间的负相关关系，也就是说，金属玻璃形成液体的强脆转变现象与在冷却过程中慢 β 弛豫机理的改变密切相关。而这种慢 β 弛豫机理随温度变化的现象已经在 $La_{55}Al_{25}Ni_{20}$ 金属玻璃形成液体中得到证实。根据此图景，我们可以看出，在高温区域，只有 α 弛豫存在，如图 5.16(a) 中所示。在临界温度 T_C' 时，慢 β 弛豫开始进入萌芽状态，并开始与 α 弛豫进行竞争。当金属玻璃液体进一步冷却，液体进入深过冷区，在临界温度 T_C（$T_C = 1.2T_g$）时，慢 β 弛豫从 α 弛豫中分离出来。当金属玻璃液体再进一步冷却，α 弛豫开始冻结，即实验无法检测出 α 弛豫特征弛豫时间，在低温区，仅有慢 β 弛豫存在。在图 5.16(a) 中我们可以看出，临界温

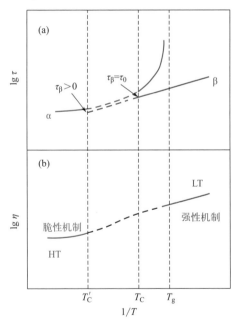

图 5.16 弛豫模式（a）和强脆转变现象（b）的示意图

T_C' 是金属玻璃液体冷却过程中强脆转变现象开始温度，在此温度下，慢 β 弛豫也开始出现。T_C 是模型耦合理论中的临界温度（α 弛豫和慢 β 弛豫的结合温度）。在温度 T_C 时，慢 β 弛豫特征弛豫时间 τ_β 与 α 弛豫的初始弛豫时间 τ_0 基本相同

度 T'_C 大于模式耦合理论的临界温度 T_C，这是由于 T'_C 是指慢 β 弛豫开始进入萌芽状态的温度点，并未与 α 弛豫进行分离。这一点已经在 Zr 基金属玻璃形成液体中得到证实，因为通过黏度实验已经证明冷却过程中，Zr 基金属玻璃形成液体中强脆转变现象发生在高于 T_C 的温度点（$T'_C = 1.2T_g$）。在 $La_{55}Al_{25}Ni_{20}$ 金属玻璃形成液体中，T'_C 大于 $1.3T_g$。从图 5.16(b) 我们可以看出，过热液体脆性系数 m' 和过冷液体脆性系数 m 分别由高温团簇和低温团簇决定。在过冷液相区，高温团簇和低温团簇相互竞争从而导致强脆转变现象的出现。对比图 5.16(a) 和（b），我们可以看出，α 弛豫和慢 β 弛豫包含的结构单元分别与高温脆性相和低温强性相相互对应。α 弛豫和慢 β 弛豫之间的相互竞争程度决定了强脆转变现象的特征。这也就是为什么在金属玻璃形成液体中，弛豫竞争系数 r 决定了冷却过程中强脆转变现象的程度。

5.5　金属玻璃液体中强脆转变过程中的结构变化

为了探寻金属玻璃形成液体中强脆转变现象的微观起源，科学家们从理论和实验方面都做了大量工作，但目前对其结构根源还不是特别清晰。Jagla 等将水的强脆转变归因于两个不同局部结构的竞争，认为水在高温处的脆性特性与两个结构本身的构形熵有关，而低温处较强的特性取决于两种结构之间的局部选择组合熵（combinatorial entropy）。在液体的有序参数 TOP（two-order-parameter）模型中，Tanaka 指出水的强脆转变本质上是一种从常规非玻璃形成液体向高压玻璃形成液体之间转化的两径情景（two-branch-scenario）。同样以水为主要研究对象，Liu 等则认为强脆转变是液体结构发生了从低密度液体到高密度液体的改变。在多种玻璃的非晶形研究基础上，Saika-Voivod 进一步明确提出强脆转变与多非晶形转变（polyamorphic transformation）的密切联系。Sheng 等的研究证实了 $Ce_{55}Al_{45}$ 金属玻璃在压力作用下确实可以产生两种明显不同的多非晶形（polyamorphs），即存在一种从高密度玻璃向低密度玻璃的转变。这两种多非晶形之间的较大的密度差是由其不同的电子和短程原子结构导致的，尤其是与 $4f$ 电子离域有关。温度也可导致稀土元素（如 Gd、Pr、Sm）的 $4f$ 电子离域，这似乎与 $Ce_{55}Al_{45}$ 金属玻璃也具有脆强转变现象相对应。Barrat 等则指出 SiO_2 的脆强转变特性对应了在高温高压下从几乎完美的四配位向非完美的五配位或六配位的结构转变。De Marzio 等利用密度自相关函数发现水发生强脆转变的区域对应了分子跳跃（hopping）现象的开始。强脆转变现象还有可能对应两体过剩熵的改变。结合上述非金属液体的研究进展以及广义黏度模型，可以认为金属玻璃液体中的强脆转变同样来源于两种结构的相互竞争，一种在高温时占主导，一种在低温时占主导。发生强脆转变的区域即是两者发生相互竞争的过程。对此 Tanaka 提出的两态模型（two-state model）似乎给出了更为清晰的描述，如图 5.17。根据该模型，两态分别是 S 态和 ρ 态。S 态更有序，原子排布更宽松，如二十面体有序结构；ρ 态相比则原子排列更紧实，但局域有序度不如 S 态，它通常可认为是趋向于晶化的类晶团簇。这两态可用表征近程平移有序的结构参数 ζ 进行区分，而强脆转变现象即认为是这两者的相互竞争区域。利用该模型，还可以很好地解释水具有密度极大值的现象，并对在 T_{A} 处出现的非 Arrehnius 转折进行预测。

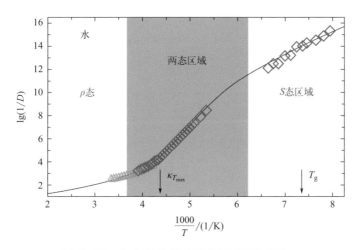

图 5.17　水中强脆转变的两态模型图景。

　　由于金属玻璃液体的过冷液相区不稳定，因此连续的直观测量强脆转变现象很难实现。无坩埚的静电悬浮设备以及大块金属玻璃的获得为直接观察过冷液相区的强脆转变现象提供可能。

　　以具有大块玻璃形成能力的 $\mathrm{Zr_{60}Cu_{30}Al_{10}}$ 为研究对象，用空气动力学悬浮装置将直径为 2mm 的 $\mathrm{Zr_{60}Cu_{30}Al_{10}}$ 球体从液态快速淬火（平均冷却速度达到 100K/s），并在同步加速器束中玻璃化，从而在液相线（T_{liq}）和玻璃化转变温度（T_{g}）之间的整个过冷液态区域连续采集 X 射线衍射光谱。图 5.18(a) 显示了从 1400K 冷却至 370K 时在线获得的同步加速器 X 射线衍

射数据结构因子 $S(Q)$。图 5.18（b）比较了液体的结构因子 $S(Q)$
（1230K）、过冷液体（800K）和玻璃（370K）。第一个和第二个宽 $S(Q)$ 峰
值的变化分别在 $Q_1 = 2 \sim 3\text{Å}$ 和 $Q_2 = 4.0 \sim 5.5\text{Å}$ 附近更为显著。随着温度的
降低，第二宽 $S(Q)$ 峰的高 Q 值一侧形成肩部（$Q_{\text{shoulder}} = 5.1\text{Å}$），导致分
裂，而 $Q_2 = 4.4\text{Å}$ 处左肩部的强度也增加。同时，在冷却过程中，第一峰的
强度显著升高。这些观察结果表明，玻璃化过程中结构不断演变。第二个峰
的肩峰的形成和相对峰值的位置（$Q_2/Q_1 = 1.70$ 和 $Q_{\text{shoulder}}/Q_1 = 1.99$）与
熔体冷却期间形成的局部二十面体对称性一致。

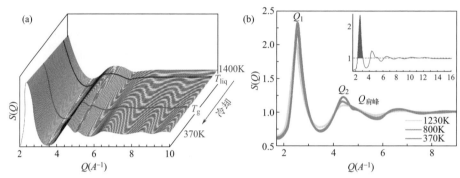

图 5.18 $Zr_{60}Cu_{30}Al_{10}$ 合金（a）结构因子随温度的变化和

（b）其在典型状态下的结构因子曲线

图（b）中插图的阴影部分用来标定结构因子第一峰的位置和高度

第一个（Q）峰值的中心和高度如图 5.19 所示。峰值位置 Q_1 在倒数空
间中向更高的 Q 值移动，对应于实空间随温度降低的更近的原子间距，这与
冷却过程中体系的宏观收缩一致。峰值强度 $S(Q_1)$ 在冷却过程中也会增加，
这与低温下局部有序程度的增加一致。两个参数 $[Q_1$ 和 $S(Q_1)]$ 在玻璃化
转变温度（T_g）附近的变化显著增加。这种行为已在大量玻璃（包括金属
和非金属）形成液体中观察到，与冷却期间体积收缩率的变化（或 T_g 下加
热期间的膨胀）一致。在图 5.18（a）中，高于 1207K 时，Q_1 和 $S(Q_1)$ 均
与温度成近似线性关系。这种现象是金属玻璃形成液体在液相线温度以上具
有的普遍现象。随着温度的降低，在 $1090 \sim 1050$K 的温度范围内，大约比
T_{liq} 低 140K，可以观察到一个拐点。两个偏转点（T_g 和 $T_{\text{liq}} - 140$K 处）将
曲线分为三个不同的（近似线性）区域，指向液态合金玻璃化过程中的三个
非晶态。$T_{\text{liq}} - 140$K 和 T_g（中间区）之间的过冷液相区的曲线斜率
$[$峰值位置 Q_1 和高度 $S(Q_1)]$ 均高于 T_g 以下玻璃态以及熔点以上液相的曲

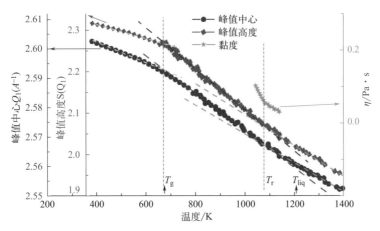

图 5.19　$Zr_{60}Cu_{30}Al_{10}$ 结构因子第一峰的位置和高度随温度的变化曲线

线斜率，表明这个温度范围存在更高的热收缩，并且其结构重排及有序化的演变具有更强的温度敏感性。已经发现，$Zr_{45}Cu_{50}Al_5$（$T_g=676K$，$T_{liq}=1178K$）液体的黏度值发生急剧增加的温度范围正好位于 Q_1 峰值中心和高度（1090～1050K）发生拐点的温度附近。

通过分析静电悬浮液体和玻璃的结构因子 $S(Q_1)$，美国 Kelton 教授的研究小组报告了几种合金液体在冷却过程中的异常结构演变，从结构演变的角度推断出金属玻璃形成液体在冷却过程中存在强脆转变。他们对一系列玻璃形成合金的结构分析表明，玻璃在 T_g 时的结构因子特征［$S(Q_1)$ 的峰值高度或位置］与在从熔体处外推到 T_g 时液体的结构因子特征不相符。这一发现与图 4 中的实验结果相一致。

从图 5.20(a) 中可以发现，随着与实空间中心原子的距离的增加，约化的总对偶分布函数 PDF-$G(r)$ 体现出七个连续的宽峰。这表明某些局部对称性至少持续到第七近邻壳层，而中程序则持续到 2nm。图 5.20(b) 表现了 1400K 的 $G(r)$ 与其他温度下 $G(r)$ 之间的差值的变化。可以看出，正 $\Delta G(r)$ 值的极大值（r 值为 3Å、5Å、7.5Å、10Å、12.5Å、15Å 和 17Å）以及负 $\Delta G(r)$ 的极小值（r 值为 2.5Å、3.7Å、6.6Å、8.6Å、11.2Å、13.8Å、16.4Å 和 18.7Å）均随着温度的降低而增大。这表明在冷却过程中，导致中短程有序结构的原子数增加，而位于中短程两者之间的原子数减少（可以认为是有序团簇之间的胶联原子，glue atom）。

图 5.21 显示合金熔体 1400K 下第一个 PDF 峰轻微不对称（取自图 5.20），在峰的左侧出现一个小肩峰。这种不对称性随着温度的增加逐渐增强。该峰

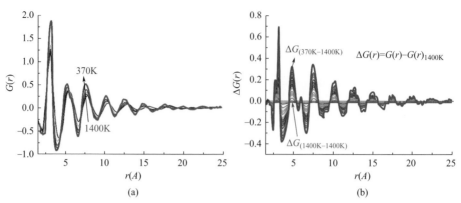

图 5.20 $Zr_{60}Cu_{30}Al_{10}$ 的（a）总偶分布函数随温度的变化和
（b）约化的 ΔG 随温度的变化

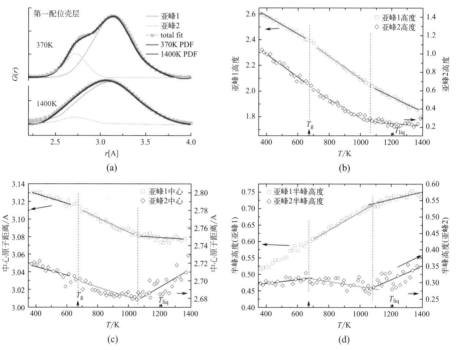

图 5.21 $Zr_{60}Cu_{30}Al_{10}$ 总偶分布函数第一峰的（a）高斯拟合，以及
（b）峰高、（c）原子间距离和（d）半峰高宽随温度的变化

可以分解成两个高斯峰。考虑到该三元合金中，Al 的原子浓度较低，因此第一个 $G(r)$ 峰中 Al-Al 键的贡献可忽略不计，而 Cu-Al 和 Zr-Al 的贡献较小。因此，$r=3.1$Å 附近的高斯峰 [图 5.21(a) 中的灰色曲线] 主要被认为是 Zr-Zr 原子键的贡献，$r=2.7$Å 附近的高斯峰 [图 5.21(a) 中的浅蓝色]

被广泛认为是 Zr-Cu 键的贡献。这两个峰可分别被标注为亚峰 1 和亚峰 2。

图 5.21(a) 中第一个 $G(r)$ 峰值相关参数的变化表明合金液体冷却过程中第一个配位壳层的结构变化。所有特征参数，如两个亚峰的位置、高度和半峰高度 (FWHM) 见图 5.21(b)～(d)，都表现出两个明显的不连续性。一个在 1050～1090K 范围内，大约在液相线温度（$T_{liq}=1207K$）以下 140K，另一个在玻璃化转变温度 671K 附近。这些观察结果与液态合金冷却至低于 T_g 时结构因子体现的三种状态一致。据图 5.21(b)，从 1400K 到 1070K 的冷却过程中，由于冷却过程中的热收缩，亚峰 2（主要来自于 Zr-Cu 和少量的 Cu-Al）的原子间距离减小，而亚峰 1（主要是 Zr-Zr 和少量的 Zr-Al 键）的位置保持大致稳定。冷却到 1070K 以下时，两个亚峰显示其对应的原子间距离均增加，说明发生在第一配位层的膨胀现象。在 370～675K 以下，两个亚峰中心继续向更高的 r 值移动，但速率明显降低，这表明 T_g 周围的结构构型发生了变化。在图 5.21(c) 中，在 1070K 以下的冷却过程中，两个亚峰的高度均增加；而亚峰 1 的半高宽 (FWHM) 减小，如图 5.21(d) 所示。这反映了原子间距离的分布更窄以及向更有序结构的逐渐过渡。这种转变在 1050K 和 670K 之间的温度范围内"更快"，表明过冷液体区域中结构重排和有序化的温度依赖性增强。在 VIT106 合金液体中，也发现了类似的现象（图 5.22）。如图 5.23 所示，该合金液体随着温度的降低，总偶分布函数的第 2 个峰也出现了劈裂，即肩峰。对该肩峰和第 1 个峰的强度进行分析，可以看出，其均在 1000K 附近出现了较为明显的转折。因此，有的学者提出了发生在过冷液相区的强脆转变本质上是液液相变的观点。

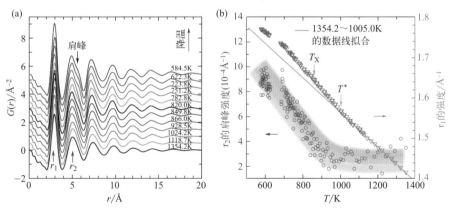

图 5.22　VIT106 合金液体冷却过程中的（a）偶分布函数和
（b）特征峰的变化趋势

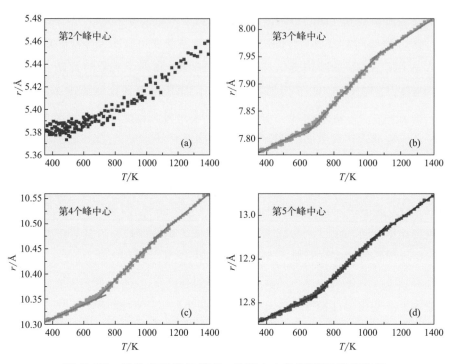

图 5.23 偶分布函数的第 2~5 峰中心位置随温度的变化

图 5.23 显示图 5 中的第 2 到第 5 个 G (r) 峰值的中心位置随温度降低逐渐向低 r 值偏移，这与冷却过程中原子或团簇堆积更密实以及宏观体积收缩有关。同时，从第 3~5 个峰的变化趋势来看，均存在三个不同的斜率，这再次表明玻璃化过程中从熔体到非晶固体演变过程中的三种演变趋势。该三种演变趋势的发现为非晶合金熔体的强脆转变提供了结构证据。

5.6 强脆转变与液液相变的联系

目前，许多研究工作认为，金属玻璃液体中的强脆转变本质上是一阶液液相变，原因是强脆转变期间伴随着和温度相关的焓和密度的突变。一些光谱实验（如静弹性中子衍射、傅里叶变换红外光谱）和模拟的研究结果已经发现，水发生强脆转变时，常压下过冷水从 T_{liq} 降至 T_{g} 时密度会突然降低。这说明水的强脆转变是一阶相变。类似地，金属玻璃液体在常压下的强脆转变也应为一阶相变，原因如下：对 CuZr 玻璃形成液体的模拟研究已发现，当降温至发生强脆转变时，CuZr 玻璃形成液体存在动力学上的潜热释放；在 ZrTiCuNiBe 过冷液体中 $T_{f\text{-}s}$ 附近也发现了密度的突变；CuZrAl 金属玻璃固体中的焓释放和 R_c 的三阶段变化，都暗示着密度随温度的不连续性。但这一结论还需要进一步探讨和验证。

以对 VIT 1 为例，利用在线高能 X 射线衍射实验以及静电悬浮设备对其过冷液相区的结构、黏度、体积均进行了测量，如图 5.24 所示。结构因子曲线中第一峰被认为是中程有序的表征。可以看出，无论升温还是降温过程，第一峰的位置或者半峰宽均存在转折。不同的是，降温过程中的转折发生在 800K 附近，而升温过程中的转折似乎发生在 1100K 温度附近，并在 1100K 附近可以观察到放热现象。这里需注意的是，在该工作中，1100K 比熔点略高，因此作者就将 1100K 以上发现的放热现象归结于冷却过程中强脆转变的起点。另外，根据观测，在整个冷却过程中，没有密度的明显变化。这表明强脆转变确实涉及到中程有序结构的变化，但密度变化并不是强脆转变的本质特征。

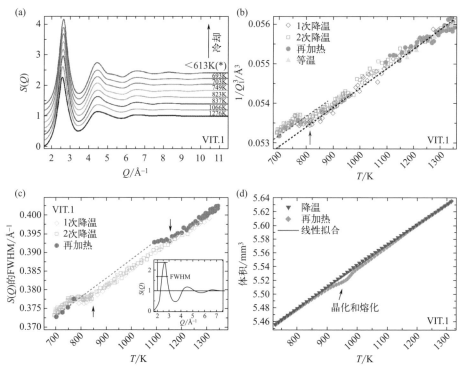

图 5.24 使用高能 X 射线衍射实验对 VIT 1 过冷液相区测量得到的（a）$S(Q)$，
（b）$1/Q_1^3$，（c）半峰高度 FWHM，以及（d）体积变化

5.7　强脆转变现象的原子激活模型

强脆转变现象在玻璃形成液体中具有普遍性。人们从不同的角度提出了很多理论来合理化解释玻璃形成液体中这种有趣的现象，如从局部结构竞争、多非晶化转变、α/β 弛豫分离等角度，并在一定程度上对这种动力学行为做出了解释。其中，最流行的观点是将强脆转变归结为液体在两种状态之间的转变，如从高密度/非局部有利（non-local favored structure）结构的液体到低密度/局部有利结构（local favored structure）液体的转变。对于一些有着网络结构的玻璃或水来说，这种两态转变的设想是合理的，但它是否是强脆转变的唯一起源仍有争议。许多玻璃，特别是金属玻璃，从实验中并没有表现出如此明显的液体状态的差异。金属玻璃的非定向金属键使其成为研究强脆转变普遍内在起源的理想系统。然而，目前金属玻璃相关研究中的结果远远不能令人满意，从模拟的动力学结果中不能清楚地观察到强脆转变现象，即体系的弛豫时间或黏度随温度的变化观察不到明显的转折现象。这说明了建立在两态结构或者近程团簇的现有模型在理解强脆转变现象方面存在明显不足。

根据经典的势能图谱理论，对于一个给定的材料系统，有许多可获得的局域能量极大值（能垒）和能量极小值（能谷或本征态），如图 5.25(a) 所示。系统的势能在冷却时逐渐减少，如图 5.25(b) 中的灰色圆形所示。弛豫是液体最主要的动力学过程，它是从高能量盆地到低能量盆地的转变过程，也就是系统的能量降低过程。相比之下，激活是弛豫的一个反向过程，它也是一个类似于势能的"跋山涉水"的过程，但最终提高了能量。这种系统被激活到更高能量状态的过程也被称为回春。对于一个系统，激活很难自然实现，只能通过外部处理，如加压或低温热循环处理来实现。然而，如果涉及到原子层面，原子激活（能量提升）一般是可以在液体中发生的，由热力学平衡来保证。图 5.25(c) 和（d）给出了 $Cu_{50}Zr_{50}$ 液体中一个随机选择的原子分别在 1800K 和 900K 时的势能变化。它在形状上和势能图谱非常相似，也有许多能谷，这是能量起伏的一种体现。可以看出，在恒定温度下，原子势能随时间（t）是一直不停变化的。在能量随时间变化的过程中，局域的弛豫事件（由黑色箭头标记）和局域的激活事件（由绿色箭头标记）会随着

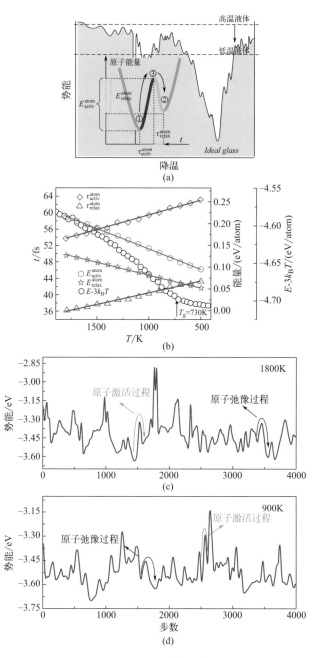

图 5.25 原子激活模型

（a）势能图谱和原子激活过程的示意图；（b）$Cu_{50}Zr_{50}$ 液体的原子激活时间 τ_{activ}^{atom}、弛豫时间 τ_{relax}^{atom}、激活能量 E_{activ}^{atom}、弛豫能量 E_{relax}^{atom} 和冷却后的 $E-3k_BT$ 随温度的变化；$Cu_{50}Zr_{50}$ 液体在（c）1800K 和（d）900K 时，随机选择的一个原子在 4000 步内的原子势能变化。

黑色和绿色的箭头分别代表局域原子弛豫和激活过程，在此作为例子给出

时间演变一直在发生。因此，不同温度下这些局域激活事件的特征可以被收集和分析，对这些事件的统计分析被命名为有限原子激活方法。这里需要指出的是，图 5.25(c) 和 （d）中的原子激活事件仅代表原子能量的升高，而不显示原子位置上的真实变化。

图 5.25(a) 的左下方插图对一个原子激活事件进行了更详细的说明，其中横轴和纵轴分别代表时间和原子势能。它可以被看作从原子势能曲线上截取的两个连续的能谷。点 1 和点 2 代表原子的势能曲线上的两个相邻能谷，其中点 2 的能量高于点 1 的能量，而点 3 代表它们之间的过渡态。整个激活事件可以分为两部分：从点 1 到点 3 的激活阶段（第 1 步），以及从点 3 到点 2 的弛豫阶段（第 2 步）。原子势能完成激活阶段（第 1 步）和弛豫阶段（第 2 步）的时间分别被定义为 $\tau_{\text{activ}}^{\text{atom}}$ 和 $\tau_{\text{relax}}^{\text{atom}}$，完成第 1 和第 2 阶段能量变化的绝对值分别被定义为 $E_{\text{activ}}^{\text{atom}}$ 和 $E_{\text{relax}}^{\text{atom}}$。在每个温度下，根据使用分子动力学模拟得到的原子势能变化曲线，收集所有的原子激活事件，并根据两阶段的分类来计算得到四个参数。这四个参数可以用来描述不同温度下原子激活事件的特征，它们在每个温度下的最终值是对大量统计数据进行平均的结果。图 5.25(b) 给出了冷却过程中 $Cu_{50}Zr_{50}$ 液体中这四个参数的变化。能量参数（$E_{\text{activ}}^{\text{atom}}$ 和 $E_{\text{relax}}^{\text{atom}}$）随着温度的降低而单调下降，并且这两个参数之间的差距在缩小。同时，时间参数（$\tau_{\text{activ}}^{\text{atom}}$ 和 $\tau_{\text{relax}}^{\text{atom}}$）随着温度的降低而单调增加。

为了描述激活和弛豫阶段之间的竞争，定义了一个与时间相关的参数，

$$\gamma_{\tau}^{\text{atom}} = \tau_{\text{relax}}^{\text{atom}} / \tau_{\text{activ}}^{\text{atom}}$$

图 5.26(a) 给出了基于有限原子激活方法计算的 $Cu_{50}Zr_{50}$ 液体的 $\gamma_{\tau}^{\text{atom}}$ 随温度的变化情况。在 T_g 以上，$\gamma_{\tau}^{\text{atom}}$ 在 0.672～0.693 范围内变化，表明激活阶段总是比弛豫阶段花费更长的时间，这是原子激活事件的特点。有趣的是，当 $\gamma_{\tau}^{\text{atom}}$ 和测量黏度 η 被绘制在同一个图中时，这两个参数在高温区域和接近玻璃转变温度附近的低温区域有着几乎相同的变化趋势。$\gamma_{\tau}^{\text{atom}}$ 和由其他方法测定的高温黏度 η 也进行了比较，发现两者也都表现出良好的匹配，如图 5.26(b) 所示。这里，$\gamma_{\tau}^{\text{atom}}$ 是从原子激活事件中得到的，而 η 代表着系统的宏观流动。尽管这两个参数有不同的单位和大小，但在图 5.26(a) 中可以看到它们重叠在一起，这意味着微观热力学和宏观动力学之间存在着联系。此外，当用 MYEGA 方程对高温和低温数据分别进行扩展时，两条拟

合曲线之间存在很大的差距。可以看到，从高温区域外推到 T_g 的 γ_τ^{atom} 的值（蓝色虚线曲线）总是小于低温下 γ_τ^{atom} 的实际值。相反，通过将 T_g 附近的数据拟合到高温区域的 γ_τ^{atom} 值（低温部分的黑色虚线）总是大于高温下 γ_τ^{atom} 的实际值。考虑到冷却过程中 τ_{activ}^{atom} 和 τ_{relax}^{atom} 的单调增加，这表明在原子尺度上，高温液体表现为激活优先，而低温液体处于弛豫优先。整个温度范围内的 γ_τ^{atom} 可以被扩展的 MYEGA 模型很好地描述（实心曲线），表明原子从高温的"脆性"行为到低温的"强性"行为的明显变化，即在中间区域存在强脆转变现象。强脆转变特征温度也被计算出来，为 $1120K \pm 22K$（约 $1.52T_g$），被命名为 T_{F-S}^{atom}。如图 5.26(a) 所示，T_{F-S}^{atom} 是高于 T_{F-S}^η（约 $1.36T_g$）的，这与之前的研究一致，认为液体强脆转变的孕育，本质上发生在 T_{F-S}^η 之上。强脆转变程度参数 f_{FAAM} 也被计算，大约在 4.02，这与根据黏度 η 得到的 $f_{exp}=4.00$ 几乎相同。因此，γ_τ^{atom} 是再现 $Cu_{50}Zr_{50}$ 玻璃形成液体中强脆转变现象的一个很好的参数。

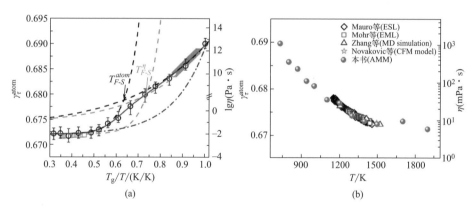

(a)　　　　　　　　(b)

图 5.26 （a） $Cu_{50}Zr_{50}$ 液体的 γ_τ^{atom} 和实验黏度 η 的比较及（b） γ_τ^{atom} 与微重力电磁悬浮器 ISS-EML（红色正方形）、地面静电悬浮（黑色钻石）、分子动力学模拟（蓝色三角形）和 1473K 时 CFM 模型预测值（绿色五角星）得到的 $Cu_{50}Zr_{50}$ 液体高温下的黏度的比较

（a）中空心黑色圆圈和橙色正方形分别代表使用有限原子激活方法和黏度测量得到的数据。黑色破折号和短破折号分别代表 γ_τ^{atom} 的脆性和强性的动力学部分。橙色破折号和短破折号分别代表了实验黏度的脆性和强性的动力学部分。它们的交点是强脆转变特征温度，T_{F-S}^{atom} 和 T_{F-S}^η。γ_τ^{atom} 的误差棒是由三次独立计算后的结果得出的

研究发现，各种金属玻璃形成液体的强脆转变强度是不同的，f_{exp} 的值在 1.4～8.2 之间。为了进一步证明有限原子激活方法在预测强脆转变上的能力，又比较了其他 9 种金属玻璃形成液体不同温度下的 $\gamma_\tau^{\text{atom}}$ 和 η，如图 5.27 所示。与 $Cu_{50}Zr_{50}$ 一样，$Cu_x Zr_{100-x}$（$x=48$、52、54、56、58、60）同样位于可以形成大块金属玻璃的成分区间。此外，$Cu_{49}Zr_{49}Al_2$ 也表现出很强的玻璃形成能力，而 $Fe_{80}P_{20}$ 合金的玻璃形成能力很差。由于缺乏 $Fe_{80}P_{20}$ 的实验黏度数据，这里使用了 $Fe_{74}Mo_4P_{10}C_{7.5}B_{2.5}Si_2$ 的黏度作为替代。如图 5.27 所示，在高温和低温区域，各种液体的 $\gamma_\tau^{\text{atom}}$ 和黏度 η 的变化趋势都很一致。就像图 5.26（a）中的 $Cu_{50}Zr_{50}$ 液体一样，所有的体系都表现出了明显的强脆转变现象。通过用扩展的 MYGEA 方程拟合 $\gamma_\tau^{\text{atom}}$，计算得到了每种液体的 $T_{F\text{-}S}^{\text{atom}}$，列于表 5-7 中。可以看出，$T_{F\text{-}S}^{\text{atom}}$ 在 933.8～1339K 之间变化，$T_{F\text{-}S}^{\eta}$ 在 904.87～1303K 之间变化。图 5.27（i）给出了所有液体的 $T_{F\text{-}S}^{\text{atom}}$ 和 $T_{F\text{-}S}^{\eta}$ 与玻璃转变温度 T_g 之间的相关性，尽管模拟和实验的 T_g 值不同，但 $T_{F\text{-}S}^{\text{atom}}$ 和 $T_{F\text{-}S}^{\eta}$ 相对一致。特别是，这些合金的 f_{FAAM} 值与 f_{exp} 比较接近，如表 5-7 所示。这进一步表明由有限原子激活方法得到的 $\gamma_\tau^{\text{atom}}$，不仅是决定强脆转变的主要参数，而且可以实现其特征的定量预测，如深过冷液体的黏度变化和强度系数 f_{exp} 等。由图 5.26 和图 5.27 所体现的有限原子激活事件的成功揭示了原子势能波动中的特征在预测过冷液体动力学中的关键作用。

表 5-7　不同体系的 $T_{F\text{-}S}^{\text{atom}}$，$T_g$，$f_{\text{FAAM}}$，$T_{F\text{-}S}^{\eta}$，$f_{\text{exp}}$ 和构型熵的转折温度 T_c

合金	$T_g/K(MD)$	$T_{F\text{-}S}^{\eta}/K$	$T_{F\text{-}S}^{\text{atom}}/T_g$	$T_{F\text{-}S}^{\text{atom}}/K$	T_c/K	f_{exp}	f_{FAAM}
$Cu_{48}Zr_{52}$	707	921.06	1.365	964.9	1193	2.99	3.48
$Cu_{50}Zr_{50}$	730	915.24	1.534	1120	1190	4.00	4.02
$Cu_{52}Zr_{48}$	703	904.87	1.541	1083	1143	2.53	3.05
$Cu_{54}Zr_{46}$	723	957.52	1.614	1167	1152	3.20	3.32
$Cu_{56}Zr_{44}$	708	932.30	1.466	1038	1061	3.30	4.82
$Cu_{58}Zr_{42}$	718	961.16	1.300	933.8	1163	2.73	2.43
$Cu_{60}Zr_{40}$	733	956.39	1.725	1265	1080	3.10	5.53
$Cu_{49}Zr_{49}Al_2$	740	1047	1.810	1339	1244	3.84	3.17
$Fe_{80}P_{20}$	840	1303.7	1.552	1304	1370	4.75	4.26

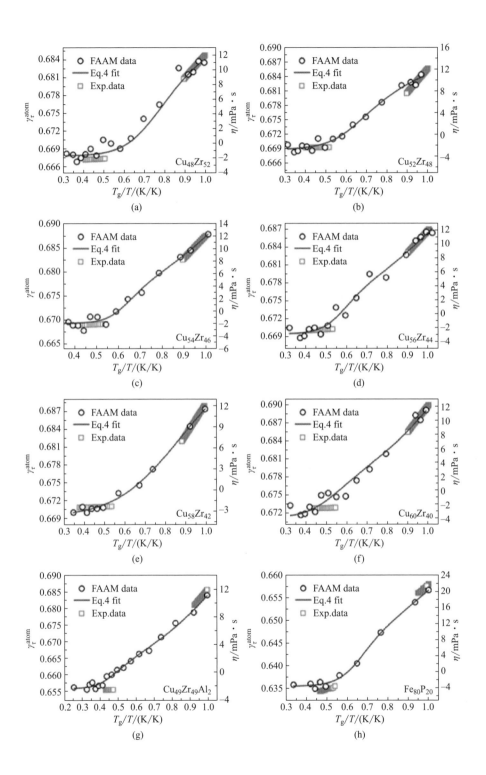

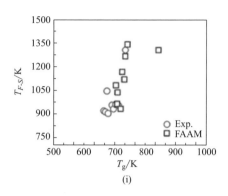

(i)

图 5.27　几种液体的 γ_τ^{atom} 与黏度 η 的比较

（a）$Cu_{48}Zr_{52}$ 液体；（b）$Cu_{52}Zr_{48}$ 液体；（c）$Cu_{54}Zr_{46}$ 液体；（d）$Cu_{56}Zr_{44}$ 液体；（e）$Cu_{58}Zr_{42}$

液体；（f）$Cu_{60}Zr_{40}$ 液体；（g）$Cu_{49}Zr_{49}Al_2$ 液体；（h）$Fe_{80}P_{20}$ 液体

空心黑色圆圈和橙色正方形分别代表通过有限原子激活方法和黏度实验得到的数据。

红色实线是使用扩展的 MYEGA 方程拟合 γ_τ^{atom} 后的曲线。(i) 分别从黏度和有限原

子激活方法计算中得到的 $T_{F\text{-}S}$ 的比较

　　金属玻璃形成液体中的强脆转变可以通过表征原子激活事件来再现，通过参数 γ_τ^{atom} 可以对强脆转变强度 f 进行较好的定量预测。强脆转变强度 f 与大块金属玻璃的塑性存在明显联系（见第 6 章）。因此，使用有限原子激活方法得到各种合金液体的 γ_τ^{atom} 将是研究大块金属玻璃的力学性能与液体动力学行为关联性的可行方法。此外，图 5.28 给出了一个与强脆转变相关的清晰的局域原子演变图景。强脆转变是液态下自由体积转移相关的原子扩散模式变化的结果。

　　随着温度的降低，原子需要越来越多的时间来完成激活过程，在这一过程中，激活原子的数量也会减少。根据能量图谱理论，对于一个给定的材料系统，有许多可达到的能量极点（势垒）和能谷（本征态）。类比这一概念，原子的势能曲线也可以被看作是在不同能谷之间的转变过程。这个原子势能图谱以原子势能随时间的演变来表示，在本质上与系统的势能图谱是不同的。对于后者来说，系统依赖于外部刺激在能谷中移动。然而，原子势能总是随着时间的推移而波动，而且波动的特征只取决于温度。类似于构型熵 S_c 的定义，可以定义 $S_{act,c}$ 表征不同温度下激活原子的有序度。该构型熵被定义为

$$S_{act,c} = -sum\ (\mu_i\ \lg \mu_i)$$

　　式中，μ_i 是在激活事件中具有不同局部环境的第 i 种原子的比例。以

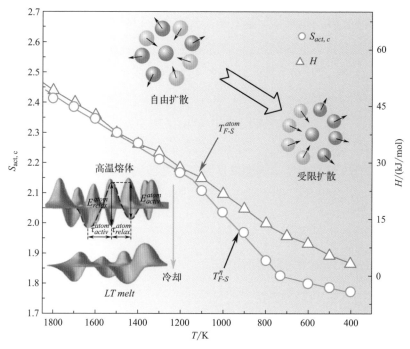

图 5.28　熵驱动的强脆转变的关系图

空心的橙色圆圈和蓝色三角形分别代表 $Cu_{50}Zr_{50}$ 的熵 $S_{act,c}$ 和焓 H。左下角的插图是

高温液体和低温液体时的原子势能图谱，右上角的插图是自由体积转换的示意图

BCC 晶体中的原子为例，不同位置的原子具有相同的局部环境，此时熵值为零。显然，原子的局部环境越多样化，μ_i 的值就越小，$S_{act,c}$ 的值也越大。Voronoi 分类方法是表征原子局部环境的合适方法，所以这里 μ_i 被定义为激活原子的第 i 种 Voronoi 类型的比例。根据这一思想，如图 5.28 所示，$Cu_{50}Zr_{50}$ 液体的构型熵随温度的变化有两个转折点：一个在 1090K（约为 T_{F-S}^{atom}），另一个在 730K（约为 T_g）。焓值（H）的变化也被计算进行比较，但没有发现明显的转折。$S_{act,c}$ 的第一个转折点非常接近强脆转变温度 T_{F-S}^{atom}（约为 1120K），意味着强脆转变是一个熵驱动过程。在强脆转变发生后，$S_{act,c}$ 以恒定斜率迅速地减少，直到发生玻璃转变。这表明液体中原子运动从混乱状态转变为更有序的状态，为随后的玻璃化转变做准备。可以简单预测，强脆转变越明显，玻璃形成能力越强。此外，当温度降到 T_g 以下后，构型熵 $S_{act,c}$ 变化十分缓慢。当温度 T 接近较低温度或零温时，构型熵 $S_{act,c}$ 有可能接近一个有限的恒定值，这表明在原子尺度上也可能存在一个

退化的无定形基态。构型熵可以通过 Adam-Gibbs 关系与动力学联系起来，这表明通过微观热力学即原子能量起伏特征解释强脆转变是可行的，值得进一步研究。其他八种液体的 $S_{act,c}$ 随温度的变化也被计算，然后得到了第一个转折点的温度 T_c（列于表 5-1 中）。图 5.29（a）给出了 T_c 与 T_{F-S}^{atom} 之间的关系，所有液体的数据点基本上都落在对角线上，意味着 T_{F-S}^{atom} 和 T_c 十分接近。基于上述结果，在图 5.28 中给出了强脆转变全部的原子能量内在特征。在高温时，原子势能曲线的能谷分布密集，高温下的势垒高度较大。与低温时相比，参与激活事件的原子具有较高的势能，能量波动大，构型熵也很大。在降温过程中，能谷分布逐渐稀疏，激活原子数量减少，构型熵一直减小，如图 5.29（b）所示。正是激活过程中表现出的原子混乱度的突然下降，促成了强脆转变的发生。需要注意的是，这里的势能曲线是原子势能曲线，而非整个体系的能量势能图谱。

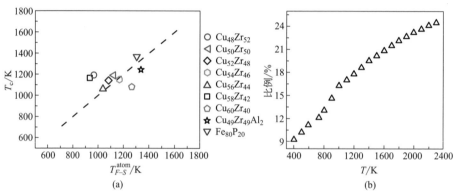

图 5.29 （a）所有体系的强脆转变温度 T_{F-S}^{atom} 与构型熵的转折温度 T_c 之间的关系。（b）不同温度下参与原子激活事件中的原子的比例

遗憾的是，尽管 γ_τ^{atom} 从原子运动的角度提供了强脆转变的起源，但它们背后的驱动力仍然不清楚。

小结

非晶合金液体的强脆转变现象与原子的能量起伏特征有关。前者为动力学转折，后者体现了体系的热力学性质。尽管两者之间的联系可以用熵的概念进行理解，其隐藏的原子尺度上的物理背景还尚不清楚。从团簇的角度，对强脆转变的理解也存在不同的解释。强脆转变究竟是不同团簇相互竞争（或转变）导致的结果，还是团簇空间连接导致的现象（即弛豫的自然结果），或两者兼而有之，还需要进一步的实验和理论验证。目前，尚缺乏统一的从团簇角度能够定量描述强脆转变特征的微观图景。

第**6**章
金属玻璃的液固遗传性

YETAI
JINSHU
JI
YICHUANXING

在传统铸造技术中，液固遗传性已经成为决定铸造工艺过程及参数的重要考虑因素。与传统金属相比，快速冷却条件下获得的非晶合金与其合金液体的性质联系更为密切。非晶合金液体在非晶固体中的信息遗传及性质影响已成为凝聚态物理和材料研究领域的热点之一。已经发现，非晶合金液体的动力学性质不仅可以表征低温下非晶固体的静态振动特性，而且决定了金属玻璃固体的玻璃形成能力、弛豫行为和力学特点。不仅如此，作为一个重要的生产实践问题，非晶合金液体的宏观动力学性质直接决定了非晶固体的生产工艺参数窗口，对调控非晶合金固体的力学性质至关重要。因此，认识非晶合金液体的液固遗传性，有助于揭示玻璃转变的本质信息及其与晶化的内在竞争机制，对指导调控实际生产工艺，解决非晶合金制备的技术瓶颈问题十分重要。

这一章将从过热熔体、过冷液体、玻璃固体这三者性质之间的联系来探讨非晶合金的液固遗传性。

6.1　过热熔体的脆性和玻璃形成能力

过冷液体的脆性由黏度对温度的依赖性相对阿伦尼乌斯方程的偏离进行定义，由玻璃转变温度处的脆性参数 m

$$m = \left[\frac{\mathrm{d}\left[\lg(\eta) \right]}{\mathrm{d}\left[\dfrac{T_\mathrm{g}}{T} \right]} \right]_{T = T_\mathrm{g}}$$

进行量化，通常用于对过冷液体的动力学行为进行分类。

研究液体脆性的初衷之一是通过黏度随温度的变化来预测玻璃形成能力，但由于该脆性 m 值的计算通常由玻璃固体获得，因此并不方便对玻璃形成能力的预测。

类似于过冷液体的脆性概念，边秀房等人提出了过热熔体的脆性，并用 M 进行表示，用于描述液相线温度以上熔体的动力学行为特征。通常，在高于熔点的温度下，温度对液体黏度的影响可以用阿伦尼乌斯方程进行描述。为了便于在不同体系中进行比较，分别使用 T_L 和 η_L 来归一化温度和黏度：

$$\eta_r = \frac{\eta}{\eta_L}, \quad T_r = \frac{T}{T_L}, \quad \eta_{r0} = \frac{\eta_0}{\eta_L} \tag{6.1}$$

$$\eta_r = \eta_{r0} \exp\left(\frac{E}{RT_L T_r}\right) \tag{6.2}$$

式中，T_L 为液相线温度；η_L 为液相线温度处的黏度。

过热熔体的脆性 M 定义为：

$$M = \left| \frac{\partial \eta(T)/\partial \eta(T_L)}{\partial T/T_L} \right|_{T=T_L} = \left| \frac{\partial \eta_r}{\partial T_r} \right|_{T_r=1} \tag{6.3}$$

图 6.1 是 AlCoCe 合金用 η_L 归一化后的实验黏度数据，以及根据式(6.2)得到的拟合曲线。通常用约化的玻璃转变温度 $T_{rg} = T_g/T_m$ 来评估合金的玻璃形成能力，但 Al 基金属玻璃的 T_g 不明显，用 T_x 来近似代替 T_g，用 T_{rx} 来近似估计合金的玻璃形成能力。T_{rx} 和由方程式(6.3)计算的过热 AlCoCe 非晶熔体的脆性 M 列于表 6-1。从表 6-1 可以看出，液相线温度以上过热 AlCoCe 熔体的脆性值与约化的玻璃化转变温度相对应，对应关系表明 M 值越小，玻璃形成能力越强。

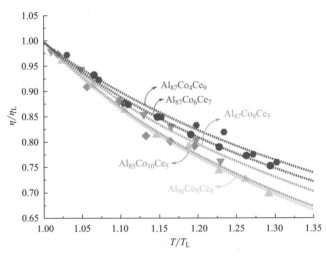

图 6.1 AlCoCe 系合金的约化实验黏度数据（单点）
和拟合曲线（连续曲线）

注：包括 $Al_{87}Co_8Ce_5$、$Al_{90}Co_5Ce_5$、$Al_{87}Co_6Ce_7$、$Al_{87}Co_4Ce_9$ 和 $Al_{85}Co_{10}Ce_5$

图 6.2 为不同 Al 基合金熔体归一化的实验黏度数据及根据式(6.2) 的拟合曲线。相关数据同样列于表 6-1。根据这些合金的 DSC 曲线和表 6-1，虚线可将图 6.2 分为两个区域：结晶区和非晶区。前者包含 $Al_{85}Ni_{10}Fe_5$ 和

表 6-1　不同铝基合金熔体脆性的实验和理论参数

合金	η_{r0}	$\dfrac{E}{RT_{L}}$	M	T_{rx}
$Al_{87}Co_4Ce_9$	0.31466	1.15627	1.15554	0.519
$Al_{87}Co_6Ce_7$	0.28591	1.2521	1.25213	0.506
$Al_{87}Co_8Ce_5$	0.25598	1.36262	1.36257	0.477
$Al_{85}Co_{10}Ce_5$	0.21628	1.53118	1.53118	0.467
$Al_{90}Co_5Ce_5$	0.20922	1.56436	1.56435	0.433
$Al_{90}Fe_3Ce_7$	0.15977	1.83402	1.83402	0.414
$Al_{85}Fe_{10}Ce_5$	0.25514	1.38017	1.39995	0.504
$Al_{85}Ni_{10}Cu_5$	0.00745	4.89928	4.89800	—
$Al_{85}Ni_{10}Fe_5$	0.08571	2.45682	2.45690	—

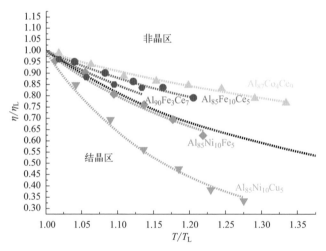

图 6.2　不同铝基合金使用 η_L 归一化后的黏度数据（单点）
和拟合曲线（连续曲线）

$Al_{85}Ni_{10}Cu_5$ 合金，M 值大于 2。相比之下，$Al_{85}Fe_{10}Ce_5$、$Al_{90}Fe_3Ce_7$ 和 $Al_{90}Fe_3Ce_7$ 合金熔体属于后者，M 值均小于 2。

　　对于同一体系合金，例如表 6-1 中的 AlCoCe 合金，M 值从上到下越来越大。相反，反映玻璃形成能力的 T_{rx} 越来越小。M 和 T_{rx} 之间的比较表明，较小的玻璃形成能力对应于液体接近液相线温度处的快速结构重排。图 6.3 为铝基非晶合金过热熔体脆性值 M 与玻璃形成的临界冷却速率之间的关系。一般来说，制备非晶合金的临界冷却速度越小，该合金的玻璃形成能力就越强。从图 6.3 可以明显看出，对于成分含量不同的同一体系，例如 $Al_{87}Co_4Ce_9$ 和 $Al_{90}Co_5Ce_5$，临界冷却速率随着 M 的增加而增加。对于不同的 Al 基非晶，如 Al-Fe，Al-Ni 或 Al-Co 体系非晶合金，M 与临界冷却速率之间有着相同的规律。这表明，对于 Al 基合金，过热熔体的脆性与玻璃形成能力的负相关关系具有一定普遍性。脆性一词的使用最初是为了表示液体结构对温度变化的敏感程度，因此可以认为熔体在液相线温度处结构变化越快，则对应玻璃形成能力也越差。事实上，液体的脆性是由温度激发过程中熵的变化来控制的。根据统计力学理论，当构型熵增加时，结构的协同重排可以独立地发生在越来越小的液体区域中。玻璃形成液体的脆性和构型熵之间存在密切关系。根据势能图谱理论，大的脆性通常对应大的构型熵。

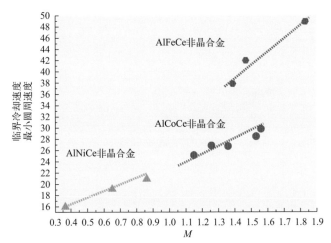

图 6.3 不同铝基非晶合金过热熔体脆性值与玻璃
形成的临界冷却速率之间的关系

引入过热熔体的脆性 M 使得评估所有合金熔体的动力学行为成为可能，即使对于难以描述的铝基合金也是如此。更有趣的是 M 值与玻璃形成能力之间的相关性。过热熔体的脆性概念在指导大块金属玻璃的形成方面具有重要的意义，可以通过研究相应熔体的动力学行为来预测液体是否可以或者更容易形成玻璃。如表 6-1 所示，铝基合金玻璃形成熔体的 M 值小于 2，表明其结构单元之间的相互作用更强，相比较不容易形成玻璃的铝基合金熔体来讲，结构不容易被打破。普遍认为，金属熔体在凝固过程中都具有微观结构的遗传性，对应于较小 M 值的相对更稳定的熔体结构在从过热熔体快速淬火过程中对温度有更强的抵抗力、更容易形成非晶相。

在 Al-RE（RE：稀土元素）合金体系中发现了同样的规律。图 6.4 为
Al-RE 合金体系熔体用 η_L 归一化的实验黏度数据和根据式（6.3）拟合的曲
线。表 6-2 列出了基于式（6.3）计算的 Al-RE 合金的 M 值和 T_{rx} 值。M 值
越小，玻璃形成能力越强的规律也适用于 Al-RE 体系。

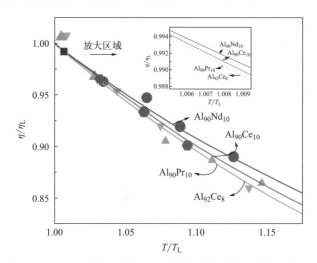

图 6.4　Al-RE 体系的归一化实验黏度数据（单点）和
拟合曲线（连续曲线）

注：包括 $Al_{90}Ce_{10}$、$Al_{92}Ce_8$、$Al_{90}Nd_{10}$、$Al_{90}Pr_{10}$

表 6-2　**Al-RE 非晶合金熔体脆性的实验和理论参数**

合金	$\eta_0/10^{-3}Pa \cdot s$	$E/R/K$	T_L/K	M	T_{rx}
Al90Nd10	0.34784	1351.7	1280	1.05609	0.3789
Al90Ce10	0.31854	1466.6	1282	1.14397	0.3744
Al90Pr10	0.29899	1529.7	1267	1.20727	0.3709
Al90Ce8	0.29753	1487.4	1227	1.21219	0.3708

但是将 Al-RE 合金与 Al 基三元合金的黏度行为和玻璃形成能力进行比
较却会得到不太一样的结果。图 6.5 所示为不同铝基合金的过热脆性 M 与
约化的玻璃化转变温度 T_{rx} 之间的关系。可以看出在一种合金体系中，M 与
T_{rx} 具有良好的负相关性，但这种趋势不能扩展到同时包含 Al-RE 和 Al-Co-
Ce 的多种合金体系中去。虽然 Al-RE 合金的 T_{rx} 值较低，对应于较差的
GFA，但它们的过热脆性并不高于 Al-Co-Ce 合金，表明 M 作为评价 GFA
的判据，在包含不同元素数量的多合金体系中不适用。同时，图 6.5 的非一
致性也可能来自于稀土元素本身的特殊性。

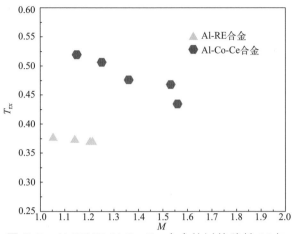

图 6.5　Al-RE 和 Al-Co-Ce 合金的过热脆性 M 与
约化玻璃化转变温度 T_{rx} 之间的关系

　　在 Al-Yb、Al-Ni-Yb、Al-Cu、Cu-Hf、Al-Ni-Pr（Si、Cu）、Pr 基 和 Ni60Zr30Al10 体系中都观察到了 M 和 GFA 之间存在的负相关关系，进一步证实了两者之间存在的普遍规律。然而，这种趋势同样不能扩展到同时包含 Al-Yb 和 Al-Ni-Yb 的多种合金体系中。其根源在于，玻璃的形成始终是液相和结晶相之间竞争的过程。如果液相在冷却后比较稳定并且结晶相难以析出，那么将有利于熔体的玻璃化。因此，液体的玻璃形成能力 GFA 实际上包括两个部分，即液相稳定性和结晶相析出的难易程度。黏度反映了液体中原子的键合性质，因而与液体的稳定性有密切关系。M 值低的液体，结构稳定性更好，有利于在固体中保留更多的液体信息。因此 M 可以作为反映液相稳定性的理论参数。对于 Al-RE 合金，虽然 M 值低于 Al-Co-Ce 合金，但晶相更容易析出（T_x 值低于 Al-Co-Ce 合金），因此其 GFA 低于 Al-Co-Ce 合金。在单一合金体系中，例如 Al-RE 或 Al-Co-Ce 体系，由于合金具有相似的晶相，决定 GFA 的主要因素是液体稳定性，因此 M 可用于评估如上所述的单一合金系统的 GFA。

6.2　过热脆性和过冷脆性

　　过冷脆性 m 和过热脆性 M 都表示温度对黏度的影响，但它们分别反映的是过冷液体和过热熔体的稳定性。M 越小，过热熔体越稳定。由于过热熔体通常进入过冷液相区后凝固，因此 m 与金属玻璃的结构稳定性似乎更密切相关。m 值小的玻璃固体（强的过冷液体）在玻璃化转变区的热容变化较小。相比之下，随着温度升高至玻璃化转变温度 T_g，m 值大的玻璃固体（脆性液体）的热容变化较大，这意味着在势能图谱上脆性液体通常具有更多的谷底。m 可以在一定程度上体现过冷液体的相对稳定性，m 值越小，该体系的过冷液体越稳定。实验结果也表明，$0 < m < 100$ 时，玻璃形成能力强的合金通常具有小的 m 值，m 和玻璃形成能力呈现明显的负相关关系。但当 $m > 100$ 时（如大部分的铝基合金），这两者的依赖关系不明显。

图 6.6 为不同铝基合金体系中过冷液体脆性（m）和过热熔体的脆性（M）之间的关系。显然，在同一合金体系中，m 与 M 成反比。可以看出，当铝基 MGs 过热熔体不稳定时，过冷液体的结构更稳定。这反映了液体在凝固过程中的结构信息遗传。结合 VFT 方程，过冷脆性、过热脆性的定义式，对于同一种合金，可以得到方程：

$$m = \frac{T_g(T_m - T_0)T_L}{(T_g - T_0)^2 T_m \ln 10} M = AM \tag{6.4}$$

在 VFT 温度 T_0 下，与流动有关的势垒达到无穷大。在式（6.4）中，A 值的下降速度快于 M 的上升速度，因此 m 呈现下降趋势。Al 基 MGs 的固有特征温度（T_0、T_g、T_m、T_L）决定了过冷液体脆性与过热熔体脆性之间的相关性。

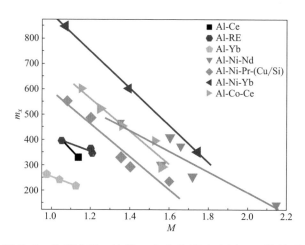

图 6.6　边缘 MGs 的单一合金体系中 M 与 m 的关系

Novokov 等人发现脆性系数 m 和 T_g/E 之间有着很好的线性关系：

$$m \propto \frac{T_g}{E} \tag{6.5}$$

式中，E 为 α 弛豫激活能。先前的研究表明，受升温速率 Q 影响的 T_g 的和随温度而变的黏度一样能很好地描述脆性。因此，T_g 和 Q 的关系也可以用 VFT 方程描述：

$$Q^{-1} = A \exp\left(\frac{DT_0}{T - T_0}\right) \tag{6.6}$$

$$m = \frac{DT_0 T_g}{(T_g - T_0)^2 \ln 10} \tag{6.7}$$

式中，A 为常数；T_0 为 VFT 温度；D 为强度参数。

过热脆性 M 的定义可以被简化为 $\qquad M = \dfrac{E}{RT_L} \tag{6.8}$

将式（6.8）代入式（6.5），可以得到 m 与 M 之间的关系：

$$m \propto \frac{T_g}{T_L} \times \frac{1}{M} \tag{6.9}$$

方程（6.9）表示在块体玻璃形成合金中，过冷液体脆性系数 m 与约化的玻璃化转变温度 T_g/T_L 和过热液体脆性系数 M 的倒数的乘积成正比。约化的玻璃化转变温度是 Turnbull 基于熔体成核频率假设提出的评估玻璃形成能力的方法。因此，该方程表明了过冷液体脆性和过热液体脆性之间的关系，并表明它们确实与合金的 GFA 密切相关。

图 6.7 所示为稀土基合金过冷液体脆性参数 m 与 $(T_g/T_L) \times (1/M)$

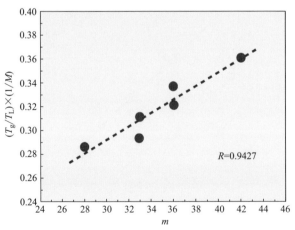

图 6.7　La 基和 Sm 基玻璃成形合金过冷液体
脆性参数 m 与（T_g/T_L）×（1/M）的关系

的相关性曲线，R 为相关系数，过冷脆性值 m 分别由热力学方法和式 (6.6)、式 (6.7) 计算得到。可以明显看出，对于 La 和 Sm 基玻璃形成合金，这两者之间存在良好的线性相关性，与方程（6.9）结果一致。

过冷液体脆性与过热液体脆性之间呈现的相关性对于通过过热熔体的高温行为来预测过冷液体的脆性甚至合金的 GFA 具有重要意义。

6.3　液液相变和玻璃形成能力

作为过冷液体的源头，液液相变（LLT）在金属玻璃形成中的结构演变和作用具有重要意义，研究 LLT 是否以及如何影响玻璃的形成，对于认识 LLT 的本质及遗传效应、调控非晶合金固体性质至关重要。

本书第 4 章，介绍了 CuZr 合金从 T_{liq} 以上 400K 的温度冷却过程中黏度变化的三阶段模式，这三个阶段分别表示为高温区（HTZ）、异常区（AZ）和低温区（LTZ），将冷却过程中黏度不连续变化开始的温度定义为 T_{LL}。

采用过热熔体脆性的概念，来量化 CuZr 基高温熔体液液相变前后的动力学行为的变化。图 6.8 给出了 $Cu_{48}Zr_{52}$ 在高温区和低温区的约化黏度数据和拟合曲线。在液相线温度附近，即 $T=T_L$ 时，约化熔体黏度 η/η_L 随温度

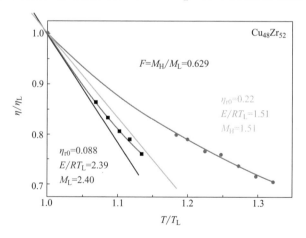

图 6.8　$Cu_{48}Zr_{52}$ 过热熔体的约化黏度数据

红色曲线为 Arrhenius 拟合曲线，绿色和蓝色线斜率

分别表示 M_H 和 M_L 值，这两者的比值为 F

变化率的斜率，如图 6.8 中蓝色和绿色直线所示，分别为 M_L 和 M_H。用转变强度系数 F 直接的量化 CuZr 熔体在高温区和低温区的动力学性质的差异，定义为

$$F = \frac{M_H}{M_L} \tag{6.10}$$

对图 6.8 中高温区和低温区的黏度分别进行拟合。具体的 M 值以及相应的 F 值列在表 6-3 中。可以看出，对于所选的合金熔体，其低温区的过热熔体脆性 M_L 均大于高温区的 M_H；系数 F 的值均小于 1。系数 F 值越小，代表发生液液相变后影响的程度越大。如果 F 等于 1，则认为液液相变不会对动力学性质产生影响。表 6-3 表明，经过液液相变之后，低温区的熔体更容易受到温度的影响。相比不存在液液相变的熔体，CuZr 液体因熔体中发生的液液相变而变得脆性更大，更不稳定。

表 6-3　根据黏度拟合计算出的高温区和低温区的过热熔体脆性 M 和系数 F

成分	温度区域/K	M	F	拟合误差 R
$Cu_{48}Zr_{52}$	LTZ(1303～1393) HTZ(1433～1623)	2.40 1.51	0.629	0.985 0.972
$Cu_{49}Zr_{51}$	LTZ(1303～1383) HTZ(1433～1673)	1.77 1.70	0.96	0.981 0.972
$Cu_{50}Zr_{50}$	LTZ(1353～1393) HTZ(1433～1673)	1.97 1.96	0.995	0.981 0.974
$Cu_{51}Zr_{49}$	LTZ(1323～1463) HTZ(1483～1673)	1.82 0.9	0.538	0.974 0.983
$Cu_{52}Zr_{48}$	LTZ(1313～1413) HTZ(1453～1673)	1.37 0.44	0.321	0.965 0.994
$Cu_{54}Zr_{46}$	LTZ(1223～1413) HTZ(1433～1673)	2.13 1.67	0.784	0.996 0.987
$Cu_{56}Zr_{44}$	LTZ(1313～1413) HTZ(1473～1623)	2.51 2.16	0.861	0.971 0.990
$Cu_{58}Zr_{42}$	LTZ(1193～1373) HTZ(1433～1673)	2.01 0.87	0.432	0.970 0.990
$Cu_{60}Zr_{40}$	LTZ(1313～1413) HTZ(1453～1623)	2.05 1.35	0.659	0.972 0.988
$Cu_{62}Zr_{38}$	LTZ(1203～1283) HTZ(1383～1573)	2.52 2.35	0.933	0.995 0.970

在图 6.9(a) 中，将转变强度系数 F 和临界玻璃形成尺寸进行对比。发现转变 F 值随着成分变化与玻璃形成能力呈现出相同的趋势。临界尺寸的三个极大值（分别为 $Cu_{50}Zr_{50}$ 的 $1.14mm\pm0.04mm$，$Cu_{56}Zr_{44}$ 的 $0.51mm\pm0.04mm$ 和 $Cu_{62}Zr_{38}$ 的 $0.93mm\pm0.04mm$）与 F 的极大值（0.995，0.912 和 0.886）一一对应。表明转变强度系数 F 与玻璃形成能力正相关，参数 F 可以作为衡量非晶合金玻璃形成能力的一个比较好的判据。值得注意的是，此处 F 值越小，意味着由液液相变引起的局域结构变化越明显，在降温过程中 CuZr 二元合金越容易晶化。

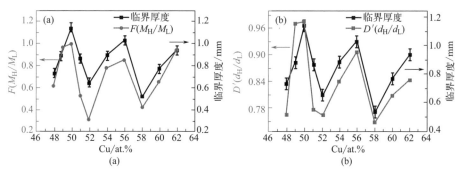

图 6.9　十种 CuZr 玻璃临界形成尺寸与液液相变转变
强度参数（a）F 和（b）D' 之间的对比。

可以采用流体团簇的概念粗略地解释伴随着液液相变发生的结构变化，来探索研究的 CuZr 二元合金熔体在不同温度区间的动力学变化本质。该模型是在流体结构和流体团簇扩散模型的基础上推导出的，可以用来解释在远高于液相线的温度区间内的熔体黏度的不连续变化现象。在这个模型中，可以根据黏度的变化得到流体团簇直径 d_f：

$$d_f = \left(\frac{Ch}{\pi\eta_0/6}\right)^{1/3} \tag{6.11}$$

式中，C 为与流体团簇运输距离相关的无量纲参数；h 为普朗克常数；η_0 是阿伦尼乌斯黏度公式的指前因子。C 的值很难通过理论计算得到，通过计算大量的熔体实验得到的平均值，$C\approx142$。式（6.11）假设如果液体的宏观动力学行为保持不变，其在一种液体状态下的局域结构与温度变化无关。也就是说，流体团簇尺寸 d_f 与测量过程中的温度变化无关。将每个成分拟合黏度数据得到的指前因子代入式（6.11）中，可以得到每个成分在液液相变前后 HTZ 和 LTZ 的流体团簇尺寸，分别定义为 d_H 和 d_L，具体数据如表 6-4 所示。

表 6-4　根据黏度拟合计算出的高温区和低温区的团簇尺寸 d_f

成分	温度区间(K)	d_f(Å)	D'	拟合误差 R
$Cu_{48}Zr_{52}$	LTZ(1303~1393)	5.92	0.763	0.985
	HTZ(1433~1623)	4.51		0.972
$Cu_{49}Zr_{51}$	LTZ(1303~1383)	4.94	0.969	0.981
	HTZ(1433~1673)	4.79		0.972
$Cu_{50}Zr_{50}$	LTZ(1353~1393)	5.19	0.973	0.981
	HTZ(1433~1673)	5.05		0.974
$Cu_{51}Zr_{49}$	LTZ(1323~1463)	5.06	0.777	0.974
	HTZ(1483~1673)	3.93		0.983
$Cu_{52}Zr_{48}$	LTZ(1313~1413)	5.15	0.763	0.965
	HTZ(1453~1673)	3.93		0.994
$Cu_{54}Zr_{46}$	LTZ(1223~1413)	5.49	0.838	0.996
	HTZ(1433~1673)	4.60		0.987
$Cu_{56}Zr_{44}$	LTZ(1313~1413)	6.30	0.903	0.971
	HTZ(1473~1623)	5.69		0.990
$Cu_{58}Zr_{42}$	LTZ(1193~1373)	5.67	0.747	0.970
	HTZ(1433~1673)	4.23		0.990
$Cu_{60}Zr_{40}$	LTZ(1313~1413)	6.58	0.807	0.972
	HTZ(1453~1623)	5.31		0.988
$Cu_{62}Zr_{38}$	LTZ(1203~1283)	8.34	0.842	0.995
	HTZ(1383~1573)	7.03		0.970

在表 6-4 中，明显可以看出，每个成分的高温区的激活能和团簇尺寸均低于低温区的激活能和团簇尺寸。团簇尺寸和激活能数值越大，团簇的相关长度也就越大，同时其有序度也就越高。这也就意味着，高温团簇可能为关联强度较弱的局域有序团簇，与之相对的低温团簇经历过液液相变现象之后，变为强关联有序团簇。用另一个转变强度参数 D' 来衡量液液相变前后液体的结构变化，与 F 相似，它被定义为高低温团簇尺寸的比值，即

$$D' = d_H/d_L \tag{6.12}$$

图 6.9(b) 所示为参数 D' 与临界玻璃形成尺寸的比较。可以发现，D' 的变化趋势与玻璃形成能力的变化趋势基本一致。临界尺寸的三个极大值（分别为 $Cu_{50}Zr_{50}$ 的 1.14mm±0.04mm，$Cu_{56}Zr_{44}$ 的 0.51mm±0.04mm 和 $Cu_{62}Zr_{38}$ 的 0.93mm±0.04mm）与 D' 的极大值一一对应。这一结果表明，

在凝固过程中，随着温度的变化，团簇的平均构型也在变化，而伴随着液液相变发生的团簇变化对于 CuZr 合金的玻璃形成起到重要的作用。D' 参数的获取比较容易，它可以作为 CuZr 合金玻璃形成能力更好的判据。

在第 4 章中，使用分子动力学模拟的方法揭示了在液液相变中脆性类二十面体团簇的解离过程。其实，还可以利用最大结构表征方法进行分析，如基本原子团簇方法（CNS，common neighbor sub-cluster）。一个基本原子团簇由一对参考原子（插图中的红色原子对）和它们共有的邻近原子（CNNS，common near-neighbors，插图中的白色原子）所组成（图 6.10）。一个基本原子团簇可以被系统地统计为 4 个指数：i、j、k、l。如果参考原子之间存在键连接，则 $i=1$，否则为 2。在本工作中，所有的参考原子均有键，$i=1$，全部忽略不计。j 为邻近原子个数，k 指的是所有邻近原子之间的键数之和，l 是指 k 所形成的键中连续的链中的键数。一个基本原子团簇可以缩写为 s、j、k、l。图 6.10 为 $Cu_{50}Zr_{50}$ 的 8 种基本原子团簇 S421、S422、S433、S444、S544、S555、S655、S666 数量随温度的变化。插图展示了这 8 种基本原子团簇类型（S421、S422、S433、S444、S544、S555、S655、S666）。它们的总数占到了基本原子团簇总数的 75% 以上，见图 6.10(i)。可以认为这 8 种基本原子团簇类型代表了 $Cu_{50}Zr_{50}$ 的结构信息。在图 6.11 中看到在 1260K 和 750K 时，系统能量发生突变，相应地，几种基本原子团簇的数量也发生了明显的变化。

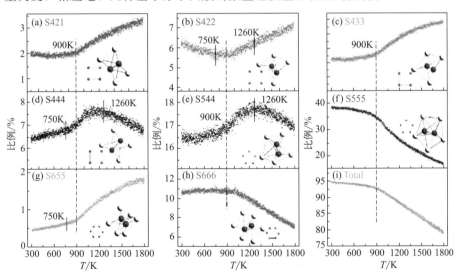

图 6.10　几种基本原子团簇随温度变化图

每个图右下角的点线图代表了其拓扑结构

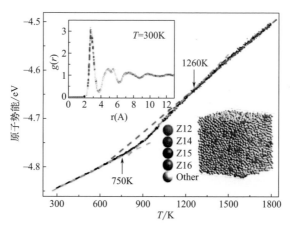

图 6.11　每个原子的平均势能随温度的变化趋势图

左上角插图是室温（300K）时的双体分布函数（PDF）图，

右下角插图为室温团簇状态 3D 图

从图 6.10 可以看出，1000K 和 900K 也是两个重要的临界温度。在 1000K 时，S444 的数量开始减少，而 S666 的数量达到最大值，随后进入平台期。与之相反的是 S544，在 1000K 之后其百分比明显减少。在 900K 时，几乎所有的基本原子团簇的数量都发生了显著的变化：S421 和 S422 数量均到达最低点 [见图 6.10(a) 和（b）]；而 S555 和 S666 的数量百分比达到最高值 [见图 6.10(f) 和（h）]。S433 和 S655 的变化速率明显减小；S444 和 S544 的数量减少也发生了变化；而所有基本原子团簇的总量的增长速率也开始较小。从结构的角度看，900K 是一个临界转折点，玻璃化转变开始，在 750K 时结束。可以判断出在温度高于 900K 时，系统仍为液态，液液相变发生在 1260～1000K 的温度区间内。

S421 和 S422 两种基本原子团簇是平移对称结构，是 fcc、hcp 以及一些其他晶体结构（如截头十面体）的基本组成结构。因此，从高温开始冷却，即使是在 1260K，它们的数量百分比也持续降低，直到 900K 时降至最小值。这表明，对于体系而言，fcc 和 hcp 晶体结构的形成能力连续减小。相反的是，随着 S433，S544 和 S655（它们既没有旋转对称性，也没有平移对称性）的数量百分比的降低，S555 的数量在 900K 之前都在增加，S666 的数量在 1000K 时达到最大值。Frank-Kasper 团簇（包含 Z12、Z14、Z15、Z16）通常是非晶固体的原始态组成部分，而 S555 和 S666 是 Frank-Kasper 团簇的基本组成结构。因此，S555 和 S666 的持续增加表明液体的玻璃形成能力在 1000～1260K 这个区间内显著提高。

一组共有一个原子的基本原子团簇组成一个最大标准团簇（LSC，largest standard clusters），其组成标准由拓扑结构决定。对于每个最大标准团簇来说，存在一个特有的截断距离可以用来定义中心原子的邻近空间。如图 3.9(a) 所示，12 个 S555 基本原子团簇可以构成一个二十面体（Z12），因此它可以被表示为 [12/555]；图 3.9(b) 展示了另一种最大标准团簇 A13，包含 1 个 S444，10 个 S555 和 2 个 S666。图 6.12 所示为由基本原子团簇构成的二十面体（Z12）和另一个最大标准团簇（A13）。

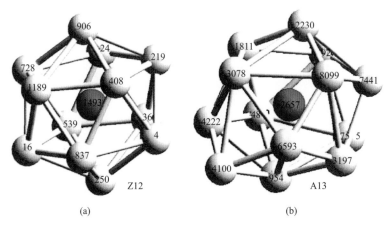

图 6.12　最大标准团簇（a）Z12 和（b）A13

图 6.13 为三种中程有序参数随温度的变化趋势。系统中所有原子平均截断距离（avr_Rc），能够反映了系统中中程有序结构的整体特征。从图 6.13(a) 来看，在整个凝固过程中，avr_Rc 除了在 1260K 和 1000K 时的斜率变化之外，基本呈线性递减变化。将降温过程也分为三个区域：HTZ、AZ 和 LTZ。

二十面体（Z12）和最大标准团簇 A13 是非晶合金具有代表性的结构单元。通常认为：A13 是一种有缺陷的二十面体，随着温度的降低，A13 的数量一直增加，直到 900K 后基本不变，这表明结构上发生了一种临界转变。而 Z12 的数量在从 300～1800K 整个温度范围内均呈增长趋势。其增长速率在 1260K 和 1000K 两个转折点突然加速，在 900K 和 750K 时又两次减小，低于 750K 时，增长逐渐缓慢下来。Z12 作为非晶固体结构最重要的组成部分之一，在 AZ 和 LTZ 两次数量的突然加速增长可以解释增大的玻璃形成能力。

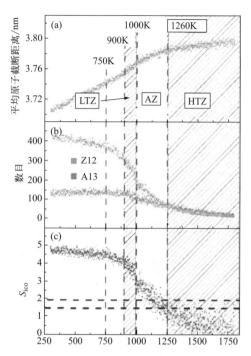

图 6.13　三种中程有序参数随温度的变化趋势

(a) 平均原子截断距离 avr _ Rc；(b) Z12 和 A13 的数量；

(c) 二十面体平均共享指数 S_{ico} 随温度的变化趋势

　　如图 6.13(b) 所示，在快速凝固过程中，Z12 的数量最高时也只占了所有原子的 4% 左右。采用代表最大标准团簇的平均共享原子数量的参数 S，

$$S = N_0 - \frac{N_V}{N_C} \tag{6.13}$$

　　式中，N_0 是一个最大标准团簇中的原子个数；N_C 是系统中一种最大标准团簇的个数；N_V 是指与该最大标准团簇所有相关原子的个数。对于完美晶体，$N_C = N_V$，S 等于晶体中的配位数。例如 fcc 结构中 $S_{fcc} = 12$；在相互孤立的最大标准团簇中，$N_V = N_C \cdot N_0$，$S = 0$，这表明在这些最大标准团簇中没有共享原子。因此，S 值越大，最大标准团簇之间的相互作用越强。图 6.13(c) 所示，温度高于 1260K 时，$S_{ico} < 2$，液体中的二十面体结构基本是相互孤立的。绝大部分的团簇间相互作用是通过顶端共享或者边缘共享实现的；当温度低于 1260K，S_{ico} 开始迅速增加，在 1000K 时达到 3，接着在 900K 和 750K 时增长速率出现两次降低的情况，最后稳定在 5.2 左右。对于无边界或者呈环状无分支的二十面体链，如果任意邻近的二十面体

共享三个原子（面分享模式，即 FS 模式），$S_{ico}=1.5$。在液液相变温度区间
（1000～1260K），S_{ico} 从 1.5 增长至 3，这说明二十面体团簇间的相互作用是
高于 FS 模式的。而当玻璃化转变开始（900K）时，$S_{ico}>4$，这暗示着团簇
间可能存在有交叉共享模式（intersection-shared，IS），其 $S_{ico}=7$。从统计
学的角度来看，平均截断距离 avr_Rc 的减少速率在 1260K 和 1000K 时均
发生变化，可以将此作为在 1260K 和 1000K 区间发生液液相变的一个有力
证据。在液液相变发生时，不仅仅是二十面体的数量增加，二十面体之间的
相互作用也在加速，在 LTZ 区变得尤为强烈。

　　图 6.13 里三种表征中程有序的参数在液液相变期间的演变证实了 1000～
1260K 时玻璃形成能力的提高。液液相变时，系统短程有序和中程有序结构
均发生了显著的变化。具有旋转对称性的微观结构（S555 和 S666）的数量
增加，局域有序结构的分布不均匀性增强，均提高了玻璃形成能力。致密堆
积的二十面体网提供了非晶态固体形成的结构，对于玻璃形成能力的提升具
有重要的作用。也有研究指出，二十面体可以阻止拓扑结构有序化，并且使
液体中原子的移动性降低，从而玻璃形成能力得以提升。图 6.14 所示为
CuZr 液液相变前后的结构演变示意图。

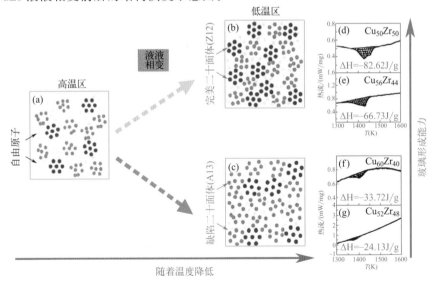

图 6.14　液液相变结构转变示意图

（a）相变前；（b）（c）相变后；（d）～（g）分别为 $Cu_{50}Zr_{50}$、$Cu_{56}Zr_{44}$、$Cu_{60}Zr_{40}$ 和 $Cu_{52}Zr_{48}$ 四个成
分 DSC 放热曲线异常放热峰。红色区域和蓝色区域分别代表完美二十面体（Z12）和缺陷二十面
体（A13），灰色代表自由原子以及一些其他的结构构型（如<0,2,8,6>和<0,1,10,4>）

假设 CuZr 金属玻璃液体中影响玻璃形成能力的团簇结构主要有两种：完美二十面体（Z12）和畸变二十面体（A13）。当液体在高于液液相变温度时，自由原子与其邻近的自由原子会相互结合形成这两种结构［图 6.14(a)］。当温度降至 T_{LL} 时，即液液相变开始时，由于其动力学变化的不同，原子的排列重组方式也会不同。当 F 值大时，见图 6.14(b)，最初的局域有序结构部分打破重组，重新结合成完美二十面体 Z12 以及能量更低的其他团簇。在这个过程中构型转变能量壁垒比较高，转变完成后系统也更加稳定。当 F 值很小时，如图 6.17(c) 所示，液液相变后，大部分形成或重组的局域有序结构与 Z12 相比具有更高的能量和更低的密度，液体中团簇的尺寸更大，导致 LTZ 区相对不稳定团簇的增加。由于快速冷却过程中很容易发生结构的重组，这些相对不稳定的结构很难冻结成非晶态固体，从而在液液相变发生时，系统会释放出的能量更少。这一结果通过 $Cu_{50}Zr_{50}$、$Cu_{56}Zr_{44}$、$Cu_{60}Zr_{40}$ 和 $Cu_{52}Zr_{48}$ 的 DSC 热流曲线上的异常放热峰的面积也可以看出来。放热峰面积越大，释放能量越多，玻璃形成能力越好［见图 6.14(d)(e)，$Cu_{50}Zr_{50}$，$Cu_{56}Zr_{44}$］；相反，放热峰面积越小，释放能量越少，更多不稳定团簇形成，其玻璃形成能力越差［图 6.14(f)(g)，$Cu_{60}Zr_{40}$ 和 $Cu_{52}Zr_{48}$］。

图 6.15 为 $Gd_{55}Co_{20}Al_{25}$（Si0）和 $Gd_{55}Co_{20}Al_{24.5}Si_{0.5}$（Si0.5）高温平衡液体的黏度。图中两个金属玻璃形成液体的黏度随温度变化不连续，均出现三个明显的区间，但两者之间的动力学变化差异较大。Si0 的 M_H 和 M_L

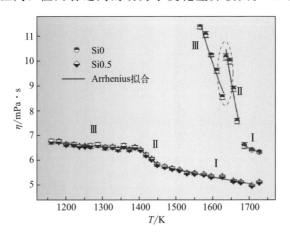

图 6.15　$Gd_{55}Co_{20}Al_{25}$ 和 $Gd_{55}Co_{20}Al_{24.5}Si_{0.5}$ 过热液体黏度

图中红色实线为黏度数据利用 Arrhenius 拟合曲线，

Ⅰ，Ⅱ和Ⅲ分别表示高温液体，转变区间和低温液体

分别为 2.34 和 9.88，SiO.5 的 M_H 和 M_L 分别为 0.81 和 0.60。SiO.5 有更大的转变强度参数 F，与该合金更好的非晶形成能力相对应。F 与玻璃形成能力的正相关关系与 CuZr 大块非晶合金熔体的研究结果相符。同时加入少量的 Si 之后，高温熔体脆性 M 显著下降，也印证了 6.1 节中 M 与玻璃形成能力的负相关关系。

6.4 液液相变、强脆转变和弛豫行为

理解金属玻璃的 sub-T_g 弛豫对于调整它们的热力学稳定性和力学性能至关重要。已经证明 sub-T_g 退火通过诱导 B2-CuZr 相中马氏体转变有助于塑性退化和加工硬化，sub-T_g 弛豫与合金中最小原子的自扩散有关，并且会影响剪切变形区。液体中的结构演变对非晶合金 sub-T_g 退火的熔弛豫和结构演变过程均会产生影响。通常可通过 sub-T_g 退火和热扫描相结合的方法间接研究过冷液体物性和微观结构演变的相关信息。

图 6.16 所示是玻璃条带两种 sub-T_g 弛豫模式（即正常和异常两种）。正常模式（见图 6.16 中的黑色符号）是指快冷玻璃能量开始释放的温度（T_{onset}）在给定的时间内会随着退火温度（T_a）的增加线性增加。这种模式

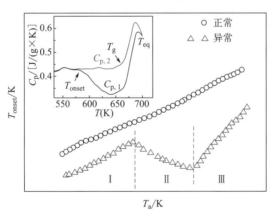

图 6.16 非晶合金正常（单调）和异常（非单调）sub-T_g 弛豫模式示意图

T_{onset} 是快冷后被冻结在玻璃条带中的过剩熔开始释放的温度。阶段 I、II、III 分别代表一定退火时间下退火温度 T_a 对 T_{onset} 的影响。插图中在 523K 下退火 1h 的快冷（HQ）$Cu_{50}Zr_{50}$ 玻璃条带（$C_{p,1}$）和标准玻璃（$Cu_{50}Zr_{50}$ 玻璃条带在标准的 20K/min 的速度下冷却）（$C_{p,2}$）的等压热容 C_p 与温度 T 的关系曲线，用来确定 T_{onset}

表示了过冷液体中连续的结构转变。这种线性的趋势在多种玻璃体系中都能够观测到，例如 Fe-Ni-P、快冷玻璃态的水、Al-Ni-Ce、Zr-Al-Cu 和 $La_{55}Al_{25}Ni_{20}$。相比之下，异常的模式（见图 6.16 中蓝色和红色的符号）代表 T_{onset} 和 T_a 之间的非线性关系。在 T_a 增加到某个确切的温度（见图 6.16 中第一条垂直的虚线）后 T_{onset} 开始下降，之后 T_{onset} 连续地下降，直到某个确切的 T_a 值（见图中右侧垂直的虚线）又开始升高。这被叫作三阶段异常弛豫模式，在 Cu-Zr-Al 三元快冷玻璃条带中被观察到。同样已经发现，当制备的冷却速率增加到某个确定值时 $Cu_{46}Zr_{46}Al_8$ 玻璃条带中异常的 sub-T_g 弛豫模式将会消失。相比之下，这种冷却速率对于弛豫的影响在 $La_{55}Al_{25}Ni_{20}$ 玻璃条带中没有观察到。研究非单调 sub-T_g 弛豫模式的存在是否与被冻结在固体中的过热液体的动力学特征和结构特征有关，例如原子结构和玻璃形成能力，对于理解从液体到非晶固体复杂的结构演变来说十分关键。

图 6.17 显示了 $Cu_{50}Zr_{50}$、$Cu_{64}Zr_{36}$ 和 $Cu_{50}Ti_{34}Zr_{11}Ni_8$ 玻璃条带在低于 T_g 温度退火 1h 后的 C_p 曲线。在未经处理的样品和退火后的样品中均能在玻璃转变峰之前观察到一个明显的放热峰，这表明因快冷保留在玻璃条带中的过剩焓在退火之后并没有完全释放。用 T_{onset} 和 T_a 的关系（图 6.17 中的插图）来表征 sub-T_g 弛豫模式。对于四元 $Cu_{50}Ti_{34}Zr_{11}Ni_8$ 玻璃条带，sub-T_g 弛豫模式表现为 T_{onset} 和 T_a 的单调正相关关系，即 T_{onset} 随着 T_a 增大而增大。这种 sub-T_g 弛豫模式符合 Adam 和 Gibbs 理论的设想，因为高的 T_a($<T_g$) 使玻璃条带弛豫到一个能量更低的状态，变得更加稳定。这种正常的 sub-T_g 弛豫模式在稀土基、Al 基、铁基合金中也有观察到。

与 $Cu_{50}Ti_{34}Zr_{11}Ni_8$ 玻璃条带相比，二元的 Cu-Zr 玻璃条带出现异常的 T_{onset} 和 T_a 的关系 [见图 6.17（b）、（c）]。对于 $Cu_{50}Zr_{50}$ 玻璃条带，当 $T_a \leqslant 543K$ 时，T_{onset} 与 T_a 呈现出正相关的关系。但是当 T_a 从 563K 增加到 583K 时 T_{onset} 减小。当 T_a 超过 583K 时，T_{onset} 再次随着 T_a 增加。这种三阶段的弛豫模式同样适用于 $Cu_{64}Zr_{36}$ 玻璃条带 [图 6.17（c）]。对于 $Cu_{64}Zr_{36}$ 玻璃条带来说，临界的退火温度是 583K，在这个温度之上正相关的关系将被打破。二元 Cu-Zr 玻璃条带中的 sub-T_g 弛豫模式与在快冷 Cu-Zr-Al 玻璃条带中观察到的相似。

玻璃条带的结构与过冷液体在冻结温度（T_f）点的结构相对应，并且 T_f 通常随着 T_a 的增加而减小，与此相对应，条带的 T_{onset} 增加。图 6.17

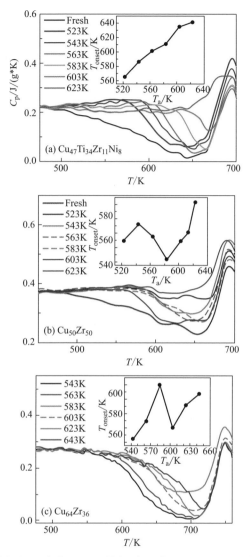

图 6.17 在低于 T_g 的各种温度 T_a 下退火 1h 的
等压热容 C_p 与温度 T 的关系图

（a）$Cu_{50}Ti_{34}Zr_{11}Ni_8$；（b）$Cu_{50}Zr_{50}$；（c）$Cu_{64}Zr_{36}$。

每个部分的插图表示 T_a 对 T_{onset} 的影响。

（b）、（c）中 T_{onset} 在 $T_{a,c}$ 点的突然下降表明，玻璃条带在某一温度退火后
（对应某个 T_f 值），结构变得更不稳定，更容易发生弛豫。这意味着在冷却
过程中，过冷液体中会发生异常的结构转变，即高能量状态的结构单元
出现。

图 6.18 为未处理的和退火的 $Cu_{50}Zr_{50}$ 玻璃条带的 XRD 强度曲线。与未处理的玻璃条带相比，退火后的主峰略微向更大的角度偏移，但是强度明显下降。此外，所有退火的玻璃条带的在更小的角度存在明显的预峰。这些差异表明，短程有序结构单元在退火过程中聚集形成具有中程有序的团簇。根据强度曲线，得到相应的 S（Q）曲线，如图 6.18（b）所示。尽管退火程度（不同的 T_a）对主峰的位置或强度没有明显影响，但随着 T_a 的增加，预峰明显移动。使用 Ehrenfest 公式，$R_c = 1.23 \times 2\pi/Q_{pp}$（$Q_{pp}$ 是预峰的位置）来计算结构单元的大小 R_c，即金属玻璃条带中与预峰对应的中程有序团簇尺寸，来量化 sub-T_g 弛豫过程中的结构演化。R_c 和 T_a 的关系如图 6.19 所示。值得注意的是，R_c 和 T_a 的趋势也表现出三阶段模式，类似于 $Cu_{50}Zr_{50}$ 玻璃条带中的 T_{onset} 和 T_a 关系（见黑色符号和线）。图 6.19 中 R_c 的异常下降落在与 T_{onset} 意外下降相同的温度范围（T_a）内。也就是说，当 T_{onset} 和 T_a 之间的单调关系中断时，退火过程中的玻璃条带会发生异常的结构转变。

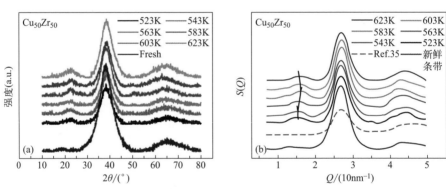

图 6.18　$Cu_{50}Zr_{50}$ 金属玻璃条带在不同温度下退火 1h 后的
（a）XRD 强度曲线和（b）结构因子 S（Q）。

用图 6.19 中的二维原理图来描绘异常的结构转变。在第一阶段（区域Ⅰ），当 $T_a \leqslant 563K$ 时，R_c 的增大表明团簇的尺寸大小随着 T_f 的减小（即 T_a 增大）而增大。尺寸更大的团簇在再次加热的过程中更难被激活，导致相应的 T_{onset} 增大。静态长度尺寸的长大也通过模拟工作得到证实。在第二阶段（区域Ⅱ），这种 R_c 和 T_a 之间的单调关系在 T_a 从 563K 增加到 603K 的时候被打破，预峰向更高的 Q 轻微地移动 [见图 6.18（b）]。通过热力学的弛豫，一个原子可能失去或者得到能量，去到一个邻近的位置，局部原子的联系会被改变。区域 2 内 R_c 的异常减小可能是由于：以 Cu 为中心的六边形失去了最近的一个 Zr 原子变成了更加紧密堆积的结构，在 $T_{a,c}$ 的温度下退火 1h 后，分离的原子形成相对之前较小的结构。这些结构尺寸更小、稳定性较差，在再次加热的过程中更容易被激活，导致 T_{onset} 的减小。在第三个阶段（区域Ⅲ）当 T_a 增加到更高的温度（T_f 接近于 T_a），五边形（Cu 中心的标准二十面体）趋向于以共面的方式聚集在一起，小的碎片结构也趋向于移动到一起组成标准二十面体，导致了 R_c 和 T_{onset} 随着 T_a 正相关的变化趋势。图 6.19 所展示的思想与图 5.12 所展示的基本思想一致，均体现了过冷液相区存在的团簇异常解离过程。

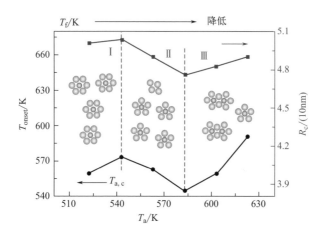

图 6.19 Cu$_{50}$Zr$_{50}$ 玻璃条带 T_a 对 R_c 的影响与 T_a 对 T_{onset} 的影响之间的联系
R_c 和 T_{onset} 曲线之间是结构单元（多面体）随着 T_a 的不同演变的二维原理示意图。蓝色和紫色的相分别代表 Zr 和 Cu 原子。六边形（区域Ⅰ）：配位多面体的局部集团。五边形（区域Ⅱ）：Cu 原子为中心的标准二十面体的局部集团。两个连着的五边形（区域Ⅲ）：共面连接的 Cu 中心的标准二十面体。

T_a-R_c 用蓝色的方框和线来表示；T_a-T_{onset} 用黑色的实心圆来表示

在第 4 章讲道，熔体中的液液相变也与特征团簇的解离过程具有密切联系。那熔体中的液液相变是否和 sub-T_g 异常弛豫模式有关？图 6.20 展示了 Cu$_{47}$Ti$_{34}$Zr$_{11}$Ni$_8$（$T_L=1164K$）和 Cu$_{64}$Zr$_{36}$（$T_L=1153K$）分别从 1673K 和 1150K 冷却时黏度随温度的变化。对于 Cu$_{47}$Ti$_{34}$Zr$_{11}$Ni$_8$ [图 6.20(a)]，黏度在冷却过程中的增加符合阿伦尼乌斯方程。相比之下，对于 Cu$_{64}$Zr$_{36}$ [图 6.20(b)]，黏度随温度非单调变化，从 1413K 以上的高温（HT）液体到 1413K 低温（LT）液体黏度有一个明显的下降。但是，对于高温液体和低温液体，黏度均遵循正常的阿伦尼乌斯定律。异常的黏度变化在 Cu$_{50}$Zr$_{50}$、

$Cu_{46}Zr_{46}Al_8$ 和 $Cu_{48}Zr_{48}Al_4$ 中同样有观测到，这证明上述合金熔体均发生液液相变（LLPT）。与这种异常的动力学行为相对应，在高于 T_L 的温度下，DSC 曲线都出现了异常的放热峰。

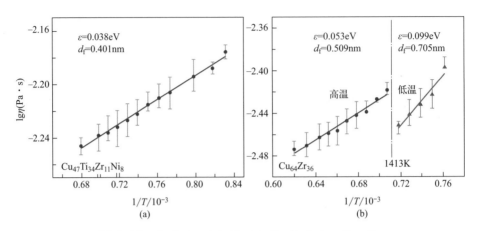

图 6.20　（a）$Cu_{47}Ti_{34}Zr_{11}Ni_8$ 和（b）$Cu_{64}Zr_{36}$ 的
高温黏度（$lg\eta$）和温度倒数（1/T）的关系曲线

直线代表在不同的温度区间内阿伦尼乌斯拟合曲线

表6-5　各种金属玻璃体系中的 sub-T_g 弛豫模式和液液相变

组成	异常 sub-T_g 弛豫模式	液液相变
$Cu_{50}Zr_{50}$（实验）	Y[①]	Y
$Cu_{64}Zr_{36}$（实验）	Y	Y
$Cu_{46}Zr_{46}Al_8$	Y	Y
$Cu_{48}Zr_{48}Al_4$	Y	Y
$Cu_{47}Ti_{34}Zr_{11}Ni_8$（实验）	N[②]	N
$La_{55}Al_{25}Ni_{20}$	N	N
$La_{55}Al_{25}Ni_5Cu_{15}$	N	N
$Pr_{55}Ni_{25}Al_{20}$	N	N

1. 正常的 sub-T_g 弛豫模式是熵随着 T_a 单调减少。
①Y—yes；②N—no。

表 6-5 给出了在 La-和 Cu-基金属玻璃的 sub-T_g 弛豫模式和远高于 T_L 的液液相变的对应关系。明显的三阶段 sub-T_g 异常弛豫模式和液液相变都只出现在二元 Cu-Zr 和三元 Cu-Zr-Al 体系中。如果玻璃体系在过热液体中表现出液液相变现象，同时玻璃条带也表现出的异常三阶段弛豫模式。这一对应关系揭示了玻璃条带的异常弛豫行为是遗传自过热熔体。基于 S（Q）、

PDFs 和 XRD 图样等的检测，已经证实 $Fe_{80}Si_{10}B_{10}$、$Cu_{50}Zr_{50}$ 和 Al 基合金中占主导地位的非晶结构是从相应的熔体中遗传的。这表明，液体在快冷之前的特性对于非晶结构和热稳定性有很大的影响。液液相变的产生是由于在 T_L 以上的液体中可存在多种亚稳结构。

6.5 强脆转变和晶化行为

强脆转变虽然是一种动力学转折，但其对应的热力学特征也很重要。上一小结描述了强脆转变在固体低温弛豫方面的表现。从中看出，稀土基玻璃条带的低温弛豫行为呈现正常的弛豫模式，与强脆转变关系不明显。考虑到强脆转变现象在非晶合金液体中的普遍性，这一节以稀土基玻璃条带的晶化行为为例，揭示强脆转变对这一类合金晶化行为的影响。

图 6.21 给出了冷却速率为 6m/s 和 20m/s 的 Ce 基非晶条带在不同退火温度下的晶化行为，插图为晶化峰面积的变化。图 6.22 为晶化激活能 E_x 和晶化焓 H_x 随冻结温度 T_f 的变化趋势，E_x 用 Kissinger 公式求得

$$\ln\left(\frac{R_h}{T^2}\right) = -\frac{E}{RT} + \text{const}$$

式中，E 为晶化激活能；R_h 为加热速度；R 为气体常数。

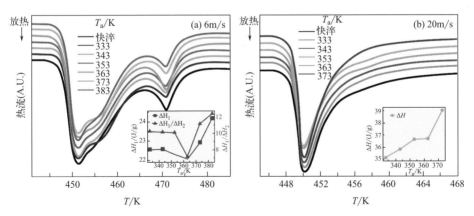

图 6.21 不同温度等温退火后铈基金属玻璃的结晶特征

（a）转速为 6m/s；（b）转速为 20m/s。（a）中插图为第一个结晶峰的面积和

第一个与第二个结晶峰的面积之比；（b）中插图为结晶峰面积

在图 6.21(a) 中，在 353K 以下退火时，两个晶化放热峰的放热比没有明显变化，见图 6.21(a) 的插图。然而，当退火温度为 363K 时，第一个晶化峰的面积减小，第二个峰值增加，两个晶化放热峰的比率突然下降。当退火温度继续升高到 373K 时，该比率又呈现明显的上升趋势。在图 6.21(b) 的插图中也观察到类似的非单调变化：主放热峰面积在 363K 时突然降低。与图 6.21 的非单调变化相对应，图 6.22 中晶化激活能 E_x 和晶化焓 H_x 也具有非单调的变化趋势。这均表明 Ce 基金属玻璃过冷液体的结构存在非单调的演变过程。

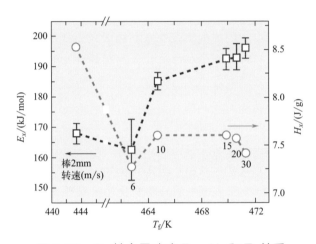

图 6.22　Ce 基金属玻璃 E_x、H_x 和 T_f 关系

图 6.23 分别给出了 Pr 基金属玻璃在不同升温速率影响下的晶化行为、晶化峰与过冷液体的热流差值、晶化激活能随冻结温度 T_f 的变化。如图 6.23(a) 所示，随着热扫描升温速率的增加，晶化峰 Ⅰ 和 Ⅱ 的起始温度和峰值温度均逐渐向高温区移动。然而，当升温扫描速率低于 10K/min 时，峰 Ⅰ 的放热程度明显小于峰 Ⅱ。当升温速率大于 10K/min 时，峰 Ⅰ 的放热程度开始急剧增加，而峰 Ⅱ 的放热程度增加缓慢。这种变化趋势可以在图 6.23(b) 中观察到。Pr 基的晶化活化能 E_p 同样随着 T_f 非单调地变化。

图 6.24(a) 和 (b) 分别给出了 15m/s 冷却的 $La_{55}Al_{25}Ni_5Cu_{15}$ 玻璃条带在 5～40K/min 和 2～4K/min 的升温扫描速率下晶化行为之间的差异。当热扫描速率低于 4K/min 时，金属玻璃的晶化峰劈裂出一个肩峰。在冷却速率为 20m/s 和 25m/s 的条带中也观察到了类似的现象。图 6.24(c) 中拟合了不同冷却速率下的晶化峰活化能 E_p。我们发现，结晶峰活化能 E_p 不随冷

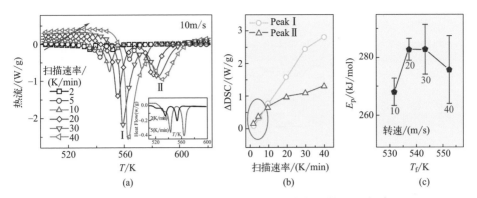

图 6.23 Pr 基金属玻璃在不同升温速率下的晶化行为

（a）冷却速率为 10m/s 时，升温速率对 Pr 基金属玻璃晶化行为的影响；（b）两个晶化峰的
热流与过冷液体的热流之间差值与升温速率关系；（c）Pr 基金属玻璃的 E_p 与 T_f 的关系。

却速度的降低而单调增加，在冷却速度为 $15\sim25$m/s 时 E_p 有明显的异常降低。这种现象与图 6.22、图 6.23 的现象基本一致。

上述三种金属玻璃晶化行为的非单调变化都表明过冷液体的结构存在非单调的演化，对于稀土基金属玻璃，虽然没有观察到结晶前的 sub-T_g 三阶段弛豫模式，但晶化行为随热历史的异常变化似乎是普遍的。特别是随着冷却速度的改变，所有稀土基非晶条带都表现出晶化特征的非单调变化。

不同的热历史会导致金属玻璃不同微观团簇的比例、空间联结以及分布规律的不同，团簇之间的竞争又与强脆转变的发生有关。通过计算发现，上述发生异常晶化转折的非晶条带的冻结温度在 $1.2\sim1.3T_g$ 附近，与发生强脆转变的温度范围比较吻合。因此认为这种非单调的晶化行为是过冷液体中强脆转变的另一个热力学表现。

结合 6.5 节的内容可以看出，对于不同体系而言，过冷液体中的强脆转变在非晶固体中的遗传表现并不相同。对稀土基合金来说，强脆转变表现在非晶固体的晶化过程。而对于 Cu-，Zr-基等合金体系，强脆转变表现在非晶固体的低温弛豫过程。关于这种差异的来源，可以推测与稀土基合金体系是强的液体（即小的 m 值）有关。目前报道的大块超稳稀土金属玻璃，其来源就在于其过冷液体相比较一般合金的异常稳定性。根据第 5 章的内容，我们也可以推测出，在冷却时强的液体发生强脆转变的温度较低。过冷液体的异常稳定来自于稳定的微观结构或拓扑有序。对这一类合金，低温退火处理并不能促使其结构发生改变。只有当温度升高到更高程度时（进入到晶化区），隐藏在固体中的微观结构竞争才表现出来。

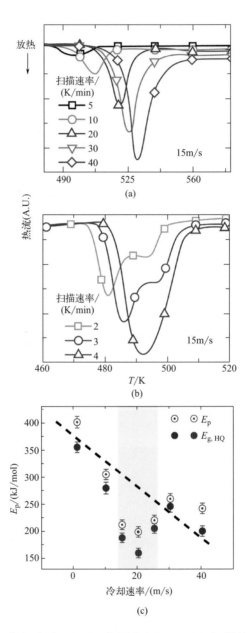

图 6.24　（a）（b）在 15m/s 冷却速率下，DSC 扫描速率对淬火态 La$_{55}$Al$_{25}$Ni$_5$Cu$_{15}$ GRs 晶化峰的影响；（c）La$_{55}$Al$_{25}$Ni$_5$Cu$_{15}$ GRs 晶化激活能（E_p）和玻璃转变激活能（$E_{g,HQ}$）与冷却速率的关系

6.6　强脆转变与玻璃塑性

金属玻璃有着接近理论极限的强度，但是室温塑性特别差，在单轴拉伸的条件下，塑性应变接近 0，即使是在压缩实验中，塑性变形仍十分有限。塑性差是限制金属玻璃应用很重要的一个方面。

在讲述非晶合金不均匀性那一章中，也论述了其韧塑性与不均匀性之间密切的关联，可以通过引入第二相等一些方法调节非晶合金微观组织结构的不均匀性来提高其韧塑性。现在从另一个角度，即液体对于固体性质的影响，来理解金属玻璃的塑性起源和变形机制，这对于调控金属玻璃塑性、制备塑性较好的金属玻璃，拓展其应用同样具有重要意义。

图 6.25 分别为 40 多种金属玻璃塑性应变 ε 随过冷液体脆性变化的曲线。拟合数据点得到 $\varepsilon = 92\exp[-73/(m-15)]$，相关系数为 0.74。从图中可以直观地得到脆性的玻璃形成液体有利于实现更高的塑性，这表明金属玻璃的塑性变形行为与玻璃形成液体的性质和行为密切相关。这一结果同样可以从微观不均匀性上进行理解。普遍发现，脆性大的金属玻璃，微观结构的不均匀性也越强。

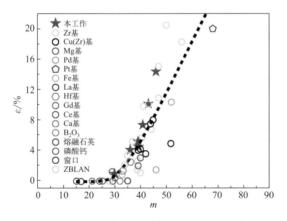

图 6.25　塑性应变与过冷液体脆性之间的关系

图 6.26 为 Zr 基金属玻璃的塑性应变 ε 与强脆转变强度 f 及强脆转变温度 T_{f-s} 之间的关系。可以看到，塑性应变与两者之间均存在负相关的关系。

在前面的内容中提到，在动力学上，强脆转变的发生伴随着过冷液体冷却过程中 α 弛豫和慢 β 弛豫之间的竞争，脆性相与强性相之间的竞争越激烈（即 f 越大），α 弛豫结构单元和慢 β 弛豫结构单元之间的可比性越强（E_α/E_β 越小），也就意味着金属玻璃结构更加均匀，塑性较差。

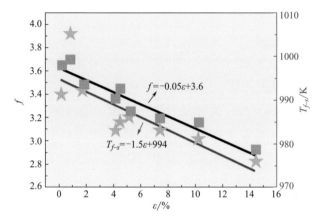

图 6.26　Zr 基金属玻璃的塑性应变与强脆转变强度 f 及
强脆转变温度 $T_{f\text{-}s}$ 之间的关系

$$f(=m'/m)$$

用图 6.27 所示的微观结构模型来描述金属玻璃过冷液体中的结构遗传到玻璃固体中的过程。金属玻璃过冷液体中的结构包括类固区（红色区域）和类液区（蓝色区域）两部分。一般认为，类固区负责 α 弛豫，类液区是慢 β 弛豫的结构起源。图 6.27(a) 表征过冷液体的弛豫竞争系数 r 较小，其结构更加均匀（简单描述为，包含在 α 弛豫和慢 β 弛豫中的结构单元尺寸差别较小），类液区和类固区相互作用也比较强。而图 6.27(c) 则具有较大的结构不均匀性，类液区的原子可近程运动，而不会过多地影响类固区原子。在快速冷却过程中，类固区和类液区都有长大的趋势（往往速率不同），液体的不均匀性一定程度地保存在固体中，导致相较于图 6.27(b)，图 6.27(d) 中玻璃固体类液区和类固区的尺寸差别更大，微观结构不均匀性强，塑性好。

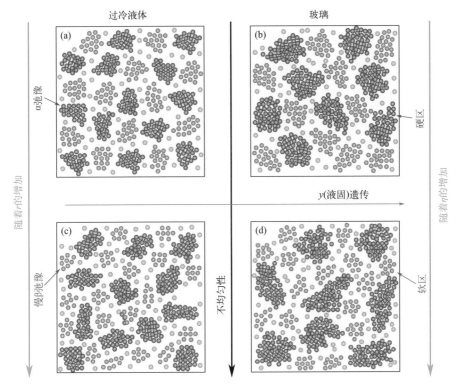

图 6.27　玻璃过冷液体及其固体微观结构示意图

6.7　液液相变对金属玻璃力学性质的影响

　　金属玻璃从熔体所继承的结构不同，其力学性能也存在差别。以 $Cu_{46}Zr_{46}Al_8$ 合金为例，阐述液液相变对力学性质的影响。$Cu_{46}Zr_{46}Al_8$ 合金在 1450K 温度附近存在液液相变现象。在不同淬火温度 T_q 下（包括液液相变前后）将 $Cu_{46}Zr_{46}Al_8$ 熔体用较高冷却速率（铜辊转速均为 2500r/min，冷却速度约为 10^4 K/s）冻结为金属玻璃条带，并进行纳米压痕测试。为减小尺寸效应对硬度结果的影响，采用了 $3000\mu N$ 的较大载荷。最终得到的压力-深度曲线见图 6.28(a)，硬度 H 和模量 M 采用 Olive-Pharr 法计算，结果见图 6.28(b)。

　　由图 6.28(b) 可知，当条带样品 T_q 减小时，其 H 和 M 以 1423K 为临界，呈先减小后增大的趋势。T_q 为 1573K 时，条带样品 H 最高，为

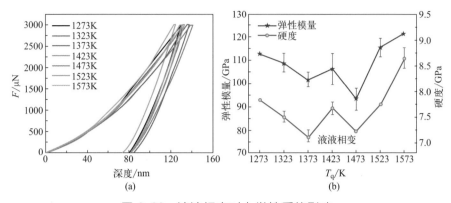

图 6.28　液液相变对力学性质的影响

（a）$Cu_{46}Zr_{46}Al_8$ 金属玻璃纳米压痕的力-位移曲线；

（b）计算出的硬度和模量与淬火温度 T_q 的关系

8.6GPa，M 最高，为 121GPa。T_q 处于 1373～1473K 范围时，H 和 M 都
处于较低的状态。值得注意的是，T_q 在 1423K 时，H 和 M 均出现异常上
升，并且这个异常上升的温度与液液相变发生的温度范围极为接近。对于没
有液液相变的 Cu 基和 Zr 基金属玻璃也做过类似的研究，发现提高 T_q 可以
使熔体的结构均匀性增加，并显著提高其硬度和模量，并且随着熔体温度升
高 H 和 M 呈现单调增加的趋势。然而，对于有液液相变的 CuZr 合金来讲，
淬火温度 T_q 对硬度和模量的影响规律在整个温度范围内并不一致，存在一
个以接近液液相变发生温度为临界温度的转折点。当 $Cu_{46}Zr_{46}Al_8$ 合金熔体
温度高于 1473K 时，随着 T_q 温度升高，淬火得到的金属玻璃条带的硬度和
模量会逐渐升高，这与不存在液液相变的非晶合金规律相同。然而当
$Cu_{46}Zr_{46}Al_8$ 合金熔体温度小于 1373K 时，随着 T_q 温度升高，淬火得到的
金属玻璃条带硬度和模量却逐渐降低。考虑到液液相变会导致熔体结构的不
连续变化，可以认为，熔体发生液液相变前后结构差异较大，其内部决定硬
度和模量等力学性能的结构起源不同，最终导致 T_q 对金属玻璃硬度和模量
的影响规律的不同。在高温时，二十面体团簇作用不明显，起决定作用的团
簇为缺陷二十面体或者类晶团簇，相对低温来说，这些团簇所占相对比例较
大。当高温靠近 1423K 时，液液相变发生，此时熔体中相互连接的缺陷二十
面体或其他构型团簇结构发生解离，团簇变得更加分散。这种大尺度团簇解
离的现象会在一定程度上使熔体结构变得更加均匀，结构不均性降低，最终
导致冻结的金属玻璃的硬度和模量略微上升。在液液相变完成进入低温区域

后（$T_q \leqslant 1373$），解离的团簇朝完美二十面体转变，导致二十面体团簇迅速增多并相互连接，温度越低，相关连接尺寸越大。二十面体的相互连接可以形成网络状框架，成为负责硬度和模量的关键结构信息。T_q 越低，液体中形成的网络状结构越明显，在快速冷却的过程中，冻结在玻璃条带中的结构越有序，从而一定程度上提高了金属玻璃的硬度和模量。

通过聚焦离子束（FIB）制样方法在 $Cu_{46}Zr_{46}Al_8$ 条带表面制备了直径为 $2\mu m$，高度为 $4\mu m$ 的微型圆柱。微型圆柱的压缩应力-应变曲线如图 6.29（a）所示，形貌见内图。从压缩实验结果来看，T_q 温度为 1273K、1423K、1523K 的三个金属玻璃微柱（分别标记为微柱 A、B、C）均未出现明显屈服现象，表现为明显的脆性，其强度分别为 2660.5MPa、2755.4MPa、2802.2MPa，表现出随 T_q 温度升高而增大的现象。尽管三个微柱都表现出脆性破坏行为，但其塑性仍存在一定差别。从红色虚线方框区域的放大图可以观察到，微柱 A 在压缩变形过程中出现了多个位移爆发台阶（屈服台阶），微柱 B 仅有一个，微柱 C 基本消失。这种现象被认为与金属玻璃变形过程中单个剪切带激活有关。金属玻璃的塑性变形过程是由其剪切带承载的，而自由体积可以阻碍剪切带的扩展，并促使其分裂，从而一定程度上提高金属玻璃的塑性。微柱 A 中多个屈服台阶代表着多个剪切带的激活，表明其仍具有一定程度上的塑性变形能力。图 6.29(b) 为 A、B、C 三个微柱的压缩应变率和其压缩高度的关系，每个较大波动区域都对应着应力-应变曲线上的一个位移爆发台阶，从图中可以明显地看出每个微柱在压缩过程中的位移爆发台阶的数量。

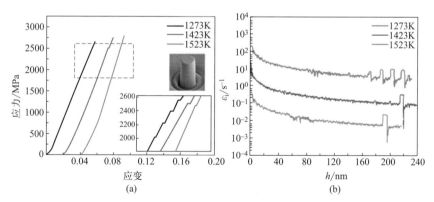

图 6.29 （a）$Cu_{46}Zr_{46}Al_8$ 金属玻璃微柱的压缩应力-应变曲线；
（b）$Cu_{46}Zr_{46}Al_8$ 金属玻璃微柱压缩过程中压缩高度与压缩应变率的关系
插图分别为压缩前微柱形貌以及红色虚线方框区域放大图

图 6.30 给出了 A、B、C 三个微柱在压缩过程中剪切带扩展情况，黄色箭头指向已贯穿微柱的剪切带。图 6.30(d)(h)(i) 分别为微柱 A、B、C 压缩实验后的形貌。压缩后微柱 A 的细密剪切带数量多于微柱 B、C。在压缩实验过程中，单个剪切带贯穿微柱后，其切面仍具有一定结合力，因此并不会产生破坏性断裂。若进行宏观压缩实验，由于样品尺寸效应，其塑性会有一定程度的提升。

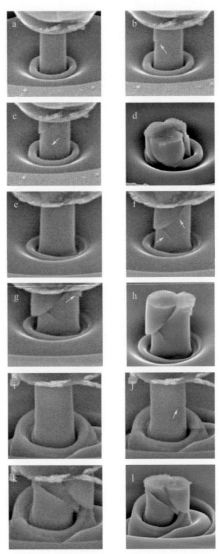

图 6.30 $Cu_{46}Zr_{46}Al_8$ 金属玻璃微柱压缩过程中剪切带扩展情况

a～d 为微柱 A；e～h 为微柱 B；i～l 为微柱 C

金属玻璃的力学性能是由其金属键的结合强度、自由体积含量和空间连接等多种因素决定的，其中自由体积对金属玻璃的塑性行为有重要影响。相关研究表明，Cu 基和 Zr 基金属玻璃体系中，较低的熔化温度会导致结构不均匀性增强，某些区域原子排列松散，自由体积增大，提高了金属玻璃的塑性。对于 $Cu_{46}Zr_{46}Al_8$ 合金，较低的 T_q 会导致较多的自由体积和二十面体结构，这种组合会提供剪切带分支位点，防止脆性断裂。当 T_q 增大时，二十面体团簇呈现整体减少的趋势，其他团簇占比增加，熔体均匀化程度增加，导致微柱 C 在室温压缩时表现出更为明显的脆性断裂。

熔体中发生液液相变的合金结晶 TTT 图，如图 6.31 所示。可将液相区以 T_{LLST} 温度为界限分为低温区（low temperature，LT）和高温区（high temperature，HT），认为处于两个区域内的熔体冷却曲线不同。当熔体从 LT 状态快速冷却时，仅会得到以 R_C^{LT} 冷速为分界的一种低温玻璃相或一种 LT 晶体相。当熔体从 HT 状态冷却时，存在两个临界冷却速率 R_C^{LLST} 和 R_C^{HT}。若冷区速率大于 R_C^{LLST}，高温熔体中的结构会因冷却速率大而被"冻结"，最终得到一种高温玻璃相。当冷却速率大于 R_C^{HT}，但小于 R_C^{LLST} 时，液液相变会在熔体冷却过程中发生，最终得到另一种结构不同的玻璃相。当冷却速度小于 R_C^{HT} 时，结晶反应发生，最终形成一种高温结晶相。图 6.31（a）中绿色路径为通过 T_q 改变非晶合金性能的示意图，前面展示的 $Cu_{46}Zr_{46}Al_8$ 条带的力学性能就是通过该方式进行调控。图（b）显示的是非晶固体（大于 R_C^{HT} 但小于 R_C^{LLST}）通过热处理可实施的性能调控路径。在适

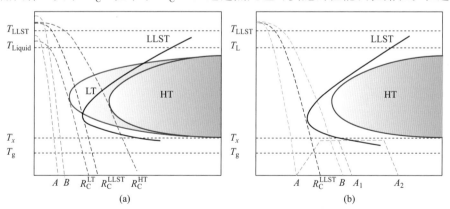

图 6.31　（a）存在高温液相区 LLST 行为的金属玻璃形成液体冷却 TTT 图；
（b）通过退火进行的不同玻璃相的转变

LLST—液液相变；LT—低温；HT—高温

当的热处理条件下，也会经历从高温玻璃相到另一种玻璃相的转变。

6.8 强脆转变和液液相变的关系

　　根据前面的论述可以看出，强脆转变和液液相变均与团簇的解离再重组有关。图 6.32 给出 CuZr 二元合金表征强脆转变程度的参数 f 与液液相变程度参数 $1/F$ 的对比。因为大块非晶合金的 F 通常小于 1，可以用 F 的倒数表示液液相变发生前后熔体动力学的变化。F 越小，$1/F$ 越大，表明液液相变对熔体的动力学影响程度越大。图 6.32 显示，发生在熔体中的液液相变程度与随后发生的过冷液相区的强脆转变程度具有负相关关系，即高温熔体的液液相变程度越小，在过冷液相区强脆转变越明显。进一步用分子动力学模拟方法，发现图 6.32 的负相关关系来自于完美二十面体，在经历液液相变和强脆转变时，存在数量上的补偿效应：在液液相变区，完美二十面体团簇增加得越不明显，在后面的强脆转变过程中增加得就越明显。而玻璃形成能力与强脆转变程度相关。强脆转变程度越大，意味着更多的完美二十面体在过冷液相区形成，过冷液体越稳定，玻璃形成能力越好。图 6.33 提供了金属玻璃液体在整个冷却过程中的团簇演化规律，为预测和调控不同金属的玻璃形成能力和其他宏观性能提供了新的思路。

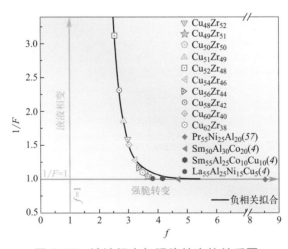

图 6.32　液液相变与强脆转变的关系图

$1/F$ 表示液液相变发生前后熔体动力学的变化；f 表示强脆转变强度的大小

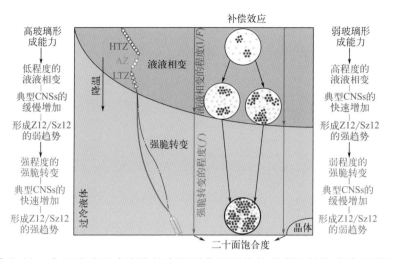

图 6.33　金属玻璃形成液体从高温到非晶固体的黏度和结构演变示意图

红色圆点表示完美二十面体，蓝色圆点表示缺陷二十面体。灰色圆点表示其他团簇结构

小结

  本章展示了液体性质对非晶合金力学性质、玻璃形成能力、稳定性等方面的明显影响。液液相变、强脆转变现象的存在，使得非晶合金固体性质的调控路径变得更为复杂和多样。合金的高温熔体、过冷液体到非晶固体是动态的、具有明显遗传性的凝固过程，可以从液液相变、强脆转变等液体性质实现对非晶固体性质的精确调控。因此，除了冷却工艺参数的控制，熔体性质的调控与标准化也是非晶生产实践活动中特别需要关注的问题。同时，不同合金液体中起到主要遗传效应的微观结构也会存在差别。如何预测这些关键微观结构的变化、进而提出基于微量元素掺杂的团簇演变判据，是扩大利用液体性质进行非晶固体性质预测和调控的关键。

参考文献

[1] Dyre J C. Colloquium: The Glass Transition and Elastic Models of Glass-forming Liquids [J]. Reviews of Modern Physics, 2006, 78 (3): 953-72.

[2] Schmelzer J W P, Gutzow I S, Mazurin O V, et al. Glasses and the Glass Transition [J]. WI-LEY-VCH: Berlin-Weinheim, Germany, 2011: 387-405.

[3] Kramer J. Non conductive transformations in metal [J]. Ann Phys-Berlin, 1934, 19 (1): 37-64.

[4] Brenner A, Riddell G. Deposition of Nickel and Cobalt by Chemical Reduction [J]. Journal of Research of the National Bureau of Standards, 1947, 39 (5): 385-95.

[5] Buckel W, Hilsch R. Einflufss der Kondensation bei tiefen Temperaturen auf den elektrischen Widerstand und die Supraleitung fur verschiedene Metalle [J]. Zeitschrift fur Physik, 1953, 138 (2): 109-20.

[6] Turnbull D. Kinetics of Heterogeneous Nucleation [J]. The Journal of Chemical Physics, 1950, 18 (2): 198-203.

[7] Turnbull D, Cohen M H. Concerning Reconstructive Transformation and Formation of Glass [J]. The Journal of Chemical Physics, 1958, 29 (5): 1049-54.

[8] Klement W, Willens R H, DUWEZ P. Non-crystalline Structure in Solidified Gold-Silicon Alloys [J]. Nature, 1960, 187 (4740): 869-70.

[9] Inoue A, Zhang T, Masumoto T. Al-La-Ni Amorphous Alloys with a Wide Supercooled Liquid Region [J]. Materials Transactions JIM, 1989, 30 (12): 965-72.

[10] Johnson W L. Bulk Glass-Forming Metallic Alloys: Science and Technology [J]. MRS Bulletin, 1999, 24 (10): 42-56.

[11] Peker A, Johnson W L. A Highly Processable Metallic Glass: $Zr_{41.2}Ti_{13.8}Cu_{12.5}Ni_{10.0}Be_{22.5}$ [J]. Applied Physics Letters, 1993, 63 (17): 2342-4.

[12] Johnson W L. Thermodynamic and Kinetic Aspects of the Crystal to Glass Transformation in Metallic Materials [J]. Progress in Materials Science, 1986, 30 (2): 81-134.

[13] Zhang B, Zhao D Q, Pan M X, et al. Amorphous Metallic Plastic [J]. Physical Review Letters, 2005, 94 (20): 205502.

[14] Tang M B, Zhao D Q, Pan M X, et al. Binary Cu-Zr Bulk Metallic Glasses [J]. Chinese Physics Letters, 2004, 21 (5): 901-3.

[15] Jiao W, Zhao K, Xi X K, et al. Zinc-based Bulk Metallic Glasses [J]. Journal of Non-Crystalline Solids, 2010, 356 (35-36): 1867-70.

[16] Luo Q, Wang W H. Rare Earth Based Bulk Metallic Glasses [J]. Journal of Non-Crystalline Solids, 2009, 355 (13): 759-75.

[17] Wang J, Li R, Hua N, et al. Co-based Ternary Bulk Metallic Glasses with Ultrahigh Strength and Plasticity [J]. Journal of Materials Research, 2011, 26 (16): 2072-9.

[18] Wang W H. The Elastic Properties, Elastic Models and Elastic Perspectives of Metallic Glasses [J]. Progress in Materials Science, 2012, 57 (3): 487-8.

[19] Telford M. The Case for Bulk Metallic Glass [J]. Materials Today, 2004, 7 (3): 36-43.

[20] 吴渊, 刘雄军, 吕昭平. 玻璃家族的新成员——金属玻璃 [J]. 物理, 2022, 51 (10): 691-700.

[21] Inoue A. Amorphous, Nanoquasicrystalline and Nanocrystalline Alloys in Al-based Systems [J]. Progress in Materials Science, 1998, 43 (5): 365-520.

[22] Suryanarayana C, Inoue A. Iron-based Bulk Metallic Glasses [J]. International Materials Reviews, 2013, 58 (3): 131-66.

[23] Cao J D, Kirkland N T, Laws K J, et al. Ca-Mg-Zn Bulk Metallic Glasses as Bioresorbable Metals [J]. Acta Biomaterialia, 2012, 8 (6): 2375-83.

[24] Wang J Q, Liu Y H, Chen M W, et al. Rapid Degradation of Azo Dye by Fe - Based Metallic Glass Powder [J]. Advanced Functional Materials, 2012, 22 (12): 2567-70.

[25] D. T. Under What Conditions Can a Glass be Formed [J]. Contemporary Physics, 1969, 10

（5）：473-88.

［26］ 汪卫华. 非晶态物质的本质和特性 ［J］. 物理学进展，2013，33（5）：177-351.

［27］ Inoue A. High Strength Bulk Amorphous Alloys with Low Critical Cooling Rates ［J］. Materials Transactions，JIM，1995，36（7）：866-75.

［28］ Lin X H，Johnson W L. Formation of Ti-Zr-Cu-Ni Bulk Metallic Glasses ［J］. Journal of Applied Physics，1995，78（11）：6514-9.

［29］ Lu Z P，Tan H，Ng S C，et al. The Correlation between Reduced Glass Transition Temperature and Glass Forming Ability of Bulk Metallic Glasses ［J］. Scripta Materialia，2000，42（7）：667-73.

［30］ Saida J，Li C，Matsushita M，et al. Grain Growth Kinetics in a Supercooled Liquid Region of $Zr_{65}Cu_{27.5}Al_{7.5}$ and $Zr_{65}Cu_{35}$ Metallic Glasses ［J］. Journal of Materials Science，2000，35（14）：3539-46.

［31］ Lu Z P，Liu C T. Glass Formation Criterion for Various Glass-Forming Systems ［J］. Physical Review Letters，2003，91（11）：115505.

［32］ Angell C A. Formation of Glasses from Liquids and Biopolymers ［J］. Science，1995，267（5206）：1924-35.

［33］ Guo J，Bian X f. A Correlation Between Superheated Liquid Fragility and Supercooled Liquid Fragility in La- and Sm-based Glass-forming Alloys ［J］. Journal of Alloys and Compounds，2010，504：S205-S7.

［34］ Bendert J C，Gangopadhyay A K，Mauro N A，et al. Volume Expansion Measurements in Metallic Liquids and Their Relation to Fragility and Glass Forming Ability：an Energy Landscape Interpretation ［J］. Physical Review Letters，2012，109（18）：185901.

［35］ Lunkenheimer P，Loidl A，Riechers B，et al. Thermal Expansion and the Glass Transition ［J］. Nature Physics，2023，19（5）：694-9.

［36］ Yu J，Wang Z，Hu L，et al. The Anharmonicity Role of Interatomic Potential in Predicting Glass Formation ［J］. Scripta Materialia，2022，216：114737.

［37］ Guan P-F，Wang B，Wu Y-C，et al. Heterogeneity：the Soul of Metallic Glasses ［J］. Acta Physica Sinica，2017，66（17）：176112.

［38］ Bernal J D，Mason J. Coordination of Randomly Packed Spheres ［J］. Nature，1960，188（4754）：910-1.

［39］ Miracle D B. A Structural Model for Metallic Glasses ［J］. Nature materials，2004，3（10）：697-702.

［40］ Elliott S R. Medium-range Structural Order in Covalent Amorphous Solids ［J］. Nature，1991，354（6353）：445-52.

［41］ Miracle D B，Lord E A，Ranganathan S. Candidate Atomic Cluster Configurations in Metallic Glass Structures ［J］. Materials Transactions，2006，47（7）：1737-42.

［42］ Sheng H W，Luo W K，Alamgir F M，et al. Atomic Packing and Short-to-medium-range Order in Metallic Glasses ［J］. Nature，2006，439（7075）：419-25.

［43］ Cheng Y Q，Ma E. Atomic-level Structure and Structure-property Relationship in Metallic Glasses ［J］. Progress in Materials Science，2011，56（4）：379-473.

［44］ Chu W，Shang J，Yin K，et al. Generality of Abnormal Viscosity Drop on Cooling of CuZr Alloy Melts and Its Structural Origin ［J］. Acta Mater，2020，196：690-703.

［45］ Debenedetti P G，Stillinger F H. Supercooled Liquids and the Glass Transition ［J］. Nature，2001，401（6825）：259-67.

［46］ Ichitsubo T，Matsubara E，Yamamoto T，et al. Microstructure of Fragile Metallic Glasses Inferred from Ultrasound-accelerated Crystallization in Pd-based Metallic Glasses ［J］. Physical Review Letters，2005，95（24）：245501.

［47］ Liu Y H，Wang G，Wang R J，et al. Super Plastic Bulk Metallic Glasses at Room Temperature ［J］. Science，2007，315（5817）：1385-8.

［48］ Zhu F，Song S，Reddy K M，et al. Spatial Heterogeneity as the Structure Feature for Structure-property Relationship of Metallic Glasses ［J］. Nature Communications，2018，9（1）：3965.

[49] Cohen M H，S. G G. Liquid-glass Transition，a Free-volume Approach [J]. Physical Review B，1979，20（3）：1077-98.

[50] Egami T. Atomic level stresses [J]. Progress in Materials Science，2011，56（6）：637-53.

[51] Ye J C，Lu J，Liu C T，*et al*. Atomistic Free-volume Zones and Inelastic Deformation of Metallic Glasses [J]. Nat Mater，2010，9（8）：619-23.

[52] Wang Z，Sun B A，Bai H Y，*et al*. Evolution of Hidden Localized Flow During Glass-to-liquid Transition in Metallic Glass [J]. Nat Commun，2014，5：5823.

[53] Yang Y，Zhou J，Zhu F，*et al*. Determining the Three-dimensional Atomic Structure of an Amorphous Solid [J]. Nature，2021，592（7852）：60-4.

[54] 汪卫华. 非晶物质——常规物质第四态. 第一卷. 北京：科学出版社，2023.

[55] 汪卫华. 非晶物质——常规物质第四态. 第二卷. 北京：科学出版社，2023.

[56] 汪卫华. 非晶物质——常规物质第四态. 第三卷. 北京：科学出版社，2023.